普通高等教育新工科机器人工程系列教材
战略性新兴领域"十四五"高等教育系列教材

机器人综合设计与实践

主　编　范青武　张利国
参　编　和　薇　左国玉　刘旭东

机 械 工 业 出 版 社

"机器人综合设计与实践"是高等院校机器人工程专业最核心的实践环节必修课程。本书紧扣读者需求，采用实例分析的形式，深入浅出地讲述了机器人系统设计的内容、步骤和关键技术。本书共分为 6 章，内容全面覆盖了机器人设计与制作的核心领域，包括绪论、机器人机械结构设计与实践、机器人控制系统设计与实践、机器人视觉系统设计与实践、机器人操作系统设计与实践、机器人导航系统设计与实践。本书内容基于 CDIO（构思-设计-实现-运作）的理念进行设计，通过一个具体而富有挑战性的工程案例，引导读者在真实的工程环境中亲身体会从构思到运作的完整过程。

为便于教学，本书配有免费的电子课件、工程案例源代码、实验报告模板等资源。本书既可作为高等院校机器人工程、电子工程相关专业本科生、研究生的教材，又可作为相关专业工程技术人员的参考用书。

图书在版编目（CIP）数据

机器人综合设计与实践 / 范青武，张利国主编.
北京 ：机械工业出版社，2024.11. -- (普通高等教育
新工科机器人工程系列教材)(战略性新兴领域"十四五"
高等教育系列教材). -- ISBN 978-7-111-77195-1

Ⅰ. TP242

中国国家版本馆 CIP 数据核字第 2024TX8187 号

机械工业出版社（北京市百万庄大街22号　邮政编码100037）
策划编辑：徐鲁融　　　　　　　责任编辑：徐鲁融
责任校对：郑　婕　陈　越　　封面设计：张　静
责任印制：单爱军
北京虎彩文化传播有限公司印刷
2024年12月第1版第1次印刷
184mm×260mm・16印张・396千字
标准书号：ISBN 978-7-111-77195-1
定价：58.00 元

电话服务　　　　　　　　　　网络服务
客服电话：010-88361066　　机 工 官 网：www.cmpbook.com
　　　　　010-88379833　　机 工 官 博：weibo.com/cmp1952
　　　　　010-68326294　　金 书 网：www.golden-book.com
封底无防伪标均为盗版　　机工教育服务网：www.cmpedu.com

如今科技飞速发展，机器人技术不仅以其独特的魅力和广泛的应用潜力引领着技术革命的新潮流，更成为衡量一个国家科技创新和高端制造业水平的重要标志。随着人工智能、大数据、云计算等技术与机器人技术的不断融合与创新，机器人技术正以前所未有的速度改变着人们的生产和生活方式，为人类社会的进步和发展带来了前所未有的机遇与挑战。为了满足社会对机器人工程专业人才的迫切需求，我们精心编写本书，旨在为读者提供一本集系统性、实践性、创新性于一体的专业指南，助力读者在机器人技术的道路上深入探索、勇攀高峰。

本书共分为 6 章，内容全面覆盖了机器人设计与制作的核心领域。从绪论开始，引领读者了解机器人的发展历程、分类及应用前景，还着重探讨了机器人系统设计的内容和步骤，以期激发读者对机器人技术的兴趣和探索精神。随后的 5 章则分别探讨机器人机械结构设计与实践、机器人控制系统设计与实践、机器人视觉系统设计与实践、机器人操作系统设计与实践、机器人导航系统设计与实践中的关键技术，力求将理论知识与实际应用紧密结合，帮助读者在掌握理论知识的同时，培养解决实际问题的能力，提升读者的工程实践能力和创新思维。

本书的最大亮点是基于 CDIO（构思-设计-实现-运作）的理念进行设计，通过一个具体而富有挑战性的工程案例，引导读者在真实的工程环境中，亲身体会从构思到运作的完整过程。这种以项目式学习为核心的教学方法，不仅有利于提升读者的工程实践能力、创新思维和团队协作能力，也有助于锻炼工程实践能力，期望培养出更多具有竞争力、能够适应未来工程实践需求的机器人工程技术人才。相信通过这种学习方式，读者将能够更好地掌握机器人设计与制作的核心技术，展现出卓越的创新能力和实践价值。

本书由北京工业大学范青武、张利国担任主编，和薇、左国玉和刘旭东参与编写。在编写过程中，我们得到了众多专家、学者和工程师的大力支持与帮助，他们的宝贵意见和建议使得本书更加完善，特此致谢。

由于编者水平有限，书中难免存在不足和疏漏之处，请读者批评指正。最后对支持本书编写和出版的所有人员表示衷心的感谢。

编者
于北京工业大学

Ⅲ

目 录

CONTENTS

IV

第1章 绪论

1.1 机器人与机器人技术

在科技日新月异的今天，机器人作为人类智慧与技术的集大成者，正逐步成为连接现实与未来的桥梁。机器人，简而言之，是一种能够自动执行任务的机器系统，它融合了机械工程、电子工程、计算机科学、控制理论、人工智能等多学科的知识与技术。机器人技术，则是研究、设计、制造、应用和维护这些机器人系统的科学和艺术，旨在创造出能够模拟、延伸或扩展人类智能与能力的机器实体。

1.1.1 机器人的定义与分类

机器人，作为自动化技术的巅峰之作，其定义随着科技的进步而不断演变。最初，机器人被简单定义为能够执行预设任务的机械装置。随着人工智能、传感器技术和自主控制系统的发展，现代机器人不仅能够执行复杂任务，还能通过学习和适应来改进自身性能。从工业生产线上的机械臂到家庭中的服务机器人，再到深海探索的无人潜航器，机器人的应用领域不断拓宽，形态和功能也日益多样化。根据不同的分类标准，机器人可以分为多种类型。

按应用领域分为工业机器人、服务机器人、特种机器人等。工业机器人主要用于生产线上的自动化作业；服务机器人广泛应用于家庭、医疗、教育等领域，提供多样化的服务；特种机器人应用于特殊环境或任务，有深海探测机器人、太空探索机器人等。

按自主程度分为全自动机器人、半自动机器人和遥控机器人。全自动机器人能够完全自主地完成任务，不需要人工干预；半自动机器人需要一定程度的人工辅助；遥控机器人通过远程操控实现任务执行。

按移动方式分为轮式机器人、履带式机器人、足式机器人、飞行机器人等。不同的移动方式使机器人能够适应不同的工作环境和任务需求。

1.1.2 机器人技术的发展历程

真正意义上的现代机器人技术始于 20 世纪中叶。随着电子计算机、自动控制、传感器技术等领域的突破，机器人技术逐渐走向成熟。以下是机器人技术发展的几个重要阶段。

萌芽期（**20 世纪 40 年代~50 年代**）：这一时期，随着电子计算机的问世和自动控制理论的发展，人们开始尝试将计算机技术应用于机器人控制中，为机器人技术的发展奠定了基础。

成长期（**20 世纪 60 年代~70 年代**）：随着传感器技术、伺服驱动技术等关键技术的突破，机器人开始具备感知环境和执行复杂任务的能力。同时，工业机器人的出现标志着机器人技术开始进入实际应用阶段。

成熟期（**20 世纪 80 年代~90 年代**）：在这一时期，机器人技术得到了广泛应用和推广，不仅在工业领域取得了显著成效，还逐渐渗透到服务、医疗、教育等领域。同时，机器人技术也开始向智能化方向发展，出现了具有一定自主学习和决策能力的智能机器人。

创新期（**21 世纪至今**）：进入 21 世纪后，随着人工智能、云计算、物联网等技术的飞速发展，机器人技术迎来了前所未有的创新机遇。机器人开始具备更高的自主性和适应性，能够完成更加复杂和多样化的任务。同时，机器人技术也更加注重人机交互和用户体验，致力于为人类提供更加便捷、高效、智能的服务。

1.2　机器人的组成

机器人作为集成了多种技术的复杂系统，其设计与实现依赖于各个组成部分的协同工作。本节将解析机器人的主要组成部分，包括机械结构、传感器系统、控制系统、动力系统及人机交互界面，为后续的机器人设计与制作奠定理论基础。

1.2.1　机械结构

机械结构是机器人的物理基础，它决定了机器人的形态、尺寸、重量及运动能力。机械结构的设计需要充分考虑机器人的工作环境、任务需求及性能要求。一般来说，机器人的机械结构主要包括以下几个部分。

1）基座与支撑结构：基座是机器人安装的基础部件，它提供稳定的支承平台，确保机器人在执行任务时不会倾倒或晃动。支承结构则连接基座与机器人的其他部分，如关节、连杆等，形成完整的机械骨架。

2）关节与传动机构：关节是机器人实现灵活运动的关键部件，它们允许机器人在多个方向进行旋转或平移；传动机构负责将动力从驱动源传递到关节，实现关节的运动。常见的传动机构包括齿轮、带、链、丝杠等。

3）末端执行器：末端执行器是机器人直接与环境交互的部分，根据任务需求设计而成，用于抓取、搬运、加工等操作。末端执行器的形式多种多样，如机械爪、吸盘、喷枪、焊枪等。

1.2.2　传感器系统

传感器系统是机器人的感知器官，它通过收集外部环境的信息，为机器人的决策提供数据支持。传感器系统通常包括多种类型的传感器，每种传感器都有其特定的感知能力和应用场景。以下是几种常见的传感器类型。

1）位置传感器：用于测量机器人或其部件在空间中的位置信息，包括角度传感器、编码器等。

  2）力觉传感器：用于感知机器人与环境之间的相互作用力，包括力传感器、力矩传感器等。这些传感器在需要精确控制力度的任务中尤为重要。

  3）视觉传感器：用于捕捉环境图像，为机器人提供视觉信息，包括摄像头、图像传感器等。视觉传感器在物体识别、定位、导航等方面发挥重要作用。

  4）触觉传感器：模拟人类皮肤的触觉功能，用于感知物体的形状、硬度、温度等属性。触觉传感器在机器人操作柔软或易碎物体时尤为重要。

  5）其他传感器：包括温度传感器、接近传感器、超声波传感器、激光雷达等，这些传感器可以根据任务需求进行选择和配置。

1.2.3　控制系统

  控制系统是机器人的"大脑"，负责处理传感器收集的信息，并根据预设的算法和策略生成控制指令，驱动执行机构完成任务。控制系统通常包括硬件和软件两部分。

  1）硬件部分：主要包括微处理器、控制板、通信接口等硬件设备。微处理器是控制系统的核心，它负责执行控制算法和实时处理数据。控制板集成了各种接口电路和驱动电路，用于连接传感器、执行机构等外部设备。通信接口用于实现控制系统与其他系统或设备之间的信息交换。

  2）软件部分：主要包括操作系统、控制算法和应用程序等。操作系统为控制系统提供基本的运行环境和资源管理功能。控制算法是控制系统的核心软件，它根据传感器输入的信息和预设的任务要求，计算出控制指令并发送给执行机构。应用程序则根据实际需求进行开发，实现特定的功能或任务。

1.2.4　动力系统

  动力系统是机器人的能量来源，它为机器人的运动和任务执行提供所需的能量。动力系统的选择和配置需要根据机器人的工作环境、任务需求及性能要求进行综合考虑。常见的动力系统包括以下几种。

  1）电动系统：以电动机为动力源，将电能转换为机械能驱动机器人运动。电动系统具有效率高、噪声低、控制精度高等优点，在多数机器人中得到广泛应用。

  2）液压与气压动力系统：以液体或气体为工作介质，将压力能转换为机械能驱动机器人运动。液压与气压动力系统具有传动平稳、功率密度大、过载保护性好等优点，在需要大转矩或高功率输出的机器人中得到应用。

  3）其他动力系统：发条、弹簧等储能装置以及太阳能、风能等可再生能源也可以作为机器人的动力源，这些动力系统在某些特定应用场景下具有独特的优势。

1.2.5　人机交互界面

  人机交互界面是人与机器人之间进行信息交换和指令传递的桥梁，它使得用户能够方便地控制机器人、监控其运行状态并获取任务反馈。人机交互界面通常包括以下几种形式。

  1）物理界面形式：包括按钮、开关、指示灯、显示屏等物理设备，用户可以通过触摸

3

或观察这些设备来与机器人进行交互。

2）软件界面形式：包括计算机程序、移动应用等软件平台，用户可以通过这些平台远程控制机器人、设置参数、查看数据等。

3）语音与手势识别形式：通过语音识别和手势识别技术，用户可以更加自然地与机器人进行交互。这种交互方式具有直观、便捷的优点，在服务机器人和智能家居等领域得到广泛应用。

机器人的组成是一个复杂而精细的系统工程。各个组成部分之间相互关联、相互作用，在机器人设计与制作过程中，需要充分考虑各个组成部分的性能特点和应用需求，进行合理地选择和配置，以实现机器人的高效、稳定、可靠运行。

1.3　机器人系统设计内容与步骤

机器人系统设计是一个复杂而系统的过程，它涵盖了设计需求分析、概念设计、详细设计、制造与装配、测试与评估等多个阶段。在这个过程中，设计者需要综合考虑机器人的功能需求、性能要求、成本预算及市场定位等因素，通过科学的设计方法和严谨的设计流程，确保机器人系统的成功开发与应用。

1.3.1　设计需求分析

设计需求分析是机器人系统设计的第一步，也是最为关键的一步。在这一阶段，设计者需要深入了解用户的实际需求和使用场景，明确机器人的功能定位、性能指标及运行环境等关键要素。具体来说，设计需求需要从以下几个方面进行分析。

1）功能需求：明确机器人需要完成哪些具体任务，如搬运、装配、检测、巡逻等。这些任务将直接决定机器人的形态、结构和控制系统等设计要素。

2）性能要求：包括机器人的速度、精度、负载能力、续航能力、环境适应性等性能指标。这些指标将作为设计过程中的重要参考依据。

3）成本预算：根据市场需求和用户购买力，合理设定机器人的成本预算。这有助于在设计过程中进行成本控制和方案优化。

4）法规标准：了解并遵守相关法规和标准，如安全标准、环保标准、电磁兼容性标准等。这有助于确保机器人产品的合法性和市场竞争力。

1.3.2　概念设计

概念设计是在设计需求分析的基础上，初步构思机器人系统的整体方案和关键技术方案。这一阶段的主要任务是形成机器人的基本形态、结构布局和控制系统框架等初步设计方案。具体来说，概念设计包括以下几个方面。

1）形态设计：根据功能需求和性能要求，初步确定机器人的外形、尺寸和重量等参数。形态设计应充分考虑机器人的运动灵活性和稳定性等因素。

2）结构布局设计：设计机器人的内部结构和各部件之间的连接关系。应合理布局传动机构、传感器和执行器等关键部件，确保机器人系统的紧凑性和可靠性。

3）控制系统框架设计：初步确定控制系统的硬件和软件架构。控制系统框架应能够支持机器人的各种运动控制和决策算法，并实现与传感器和执行器的有效连接和通信。

1.3.3 详细设计

详细设计是在概念设计的基础上，对机器人系统进行深入细化和优化的过程。这一阶段的主要任务是完成机器人系统的详细设计图样和制造工艺文件等，为后续的制造和测试工作提供指导。具体来说，详细设计包括以下几个方面。

1）机械设计：完成机器人的详细机械设计图样，包括零件图、装配图和 BOM 表等。机械设计应充分考虑零件的加工精度、装配精度和可靠性等因素。

2）电气设计：设计机器人的电气控制系统，包括电路图、接线图和元器件选型清单等。电气设计应确保电路的安全性和可靠性，并满足控制系统的功能需求。

3）软件设计：编写控制系统的软件代码和算法程序。软件设计应实现机器人的各种运动控制和决策算法，并具备良好的人机交互界面和故障诊断功能。

4）制造工艺文件：编制机器人的制造工艺文件，包括加工工艺卡、装配工艺卡和检验标准等。制造工艺文件应详细规定零件的加工工艺和装配流程，确保制造过程的质量和效率。

1.3.4 制造与装配

制造与装配是将设计图样转化为实际产品的过程。在这一阶段，制造人员需要按照设计图样和制造工艺文件的要求，完成零件的加工、装配和调试等工作。具体来说，制造与装配包括以下几个步骤。

1）零件加工：采用机械加工、注塑成形、3D 打印等工艺方法，完成机器人零件的加工制造。零件加工应严格控制加工精度和表面质量，确保零件符合设计要求。

2）部件装配：将加工好的零件按照装配工艺文件的要求进行组装。部件装配应确保各部件之间的连接牢固可靠，并符合设计的功能和性能要求。

3）系统调试：对装配好的机器人系统进行全面的调试和测试。调试内容包括机械系统的运动灵活性、控制系统的稳定性和可靠性，以及传感器和执行器的性能等。通过调试和测试，发现并解决存在的问题，确保机器人系统达到设计要求。

1.3.5 测试与评估

测试与评估是机器人系统设计的重要环节，它用于验证机器人系统的功能和性能是否满足设计要求。测试与评估包括以下几个方面。

1）功能测试：测试机器人是否能够完成预定的功能任务。功能测试应覆盖所有功能点，确保机器人系统的功能完整性和正确性。

2）性能测试：测试机器人的各项性能指标，如速度、精度、负载能力等。性能测试应与实际使用场景相结合，确保机器人系统的性能符合用户需求。

3）可靠性测试：在长时间运行或恶劣环境下测试机器人的可靠性和耐久性。可靠性测试应模拟实际使用场景中的各种情况，以评估机器人系统的稳定性和可靠性。

4）用户评估：邀请用户参与测试过程，收集用户的反馈意见和建议。用户评估有助于发现潜在的问题和需求，为后续的改进和优化提供依据。

5

1.3.6 改进与优化

根据测试与评估的结果，对机器人系统进行改进和优化。改进与优化可能涉及机械结构的调整、控制系统的优化、软件算法的改进等多个方面。通过不断地改进和优化，提高机器人系统的性能和可靠性，满足用户日益提高的需求。

1.4 机器人系统设计的关键技术

机器人系统设计的关键技术涵盖感知、控制、人工智能与机器学习、人机交互及能源与驱动等多个方面。这些技术的不断创新和发展为机器人性能的提升和功能的拓展提供了有力支持，也为机器人技术的广泛应用和未来发展奠定了坚实基础。

1.4.1 感知技术

感知技术是机器人与外部世界进行交互的关键技术，它使机器人能够获取环境信息、理解周围情况并做出相应反应。随着传感器技术的快速发展，机器人感知能力日益增强，关键技术包括以下几个方面。

1）多传感器融合：通过将不同类型、不同精度的传感器数据进行融合处理，提高机器人对环境的综合感知能力。多传感器融合技术能够弥补单一传感器在感知范围、精度和可靠性等方面的不足，实现更精准、更全面的环境感知。

2）计算机视觉：利用摄像头等视觉传感器捕捉环境图像，并通过图像处理、模式识别等技术提取有用信息。计算机视觉技术在机器人导航、物体识别、姿态估计等方面发挥着重要作用，是实现机器人智能化、自主化的关键。

3）激光雷达与 SLAM：激光雷达通过发射激光束并接收反射信号来测量距离和速度，生成高精度的环境点云图。结合 SLAM（即时定位与地图构建）技术，机器人能够在未知环境中实时构建地图并定位自身位置，为导航和避障提供重要支持。

1.4.2 控制技术

控制技术是机器人实现精准运动和高效作业的关键。随着控制理论的不断发展和计算能力的提升，机器人控制技术取得了显著进步，关键技术包括以下几个方面。

1）高级运动控制：利用先进的控制算法和策略，实现机器人复杂运动轨迹的精确跟踪和动态调整。高级运动控制技术包括自适应控制、鲁棒控制、预测控制等，能够应对各种不确定性和干扰因素，提高机器人的运动稳定性和精度。

2）力控制：在机器人与环境或物体接触时，利用力传感器和力控制算法实现精确的力控制。力控制技术能够使机器人在搬运、装配等任务中保持适当的接触力，避免损坏物体或自身结构。

3）多关节协同控制：对于多关节机器人而言，如何实现各关节之间的协同运动是一个重要问题。多关节协同控制技术通过优化关节间的运动关系，实现机器人整体运动的协调性和灵活性，提高作业效率和精度。

1.4.3 人工智能与机器学习

人工智能与机器学习技术的引入为机器人系统设计带来了革命性的变化。这些技术使机器人能够像人类一样进行学习和决策,具备更高的智能水平和自主能力。关键技术包括以下几个方面。

1)深度学习:通过构建深度神经网络模型,从大量数据中自动学习特征表示和决策规则。深度学习技术在机器人视觉识别、自然语言处理、路径规划等方面展现出强大优势,为机器人智能化提供了有力支持。

2)强化学习:以最大化累积奖励为目标,让机器人在与环境的交互过程中不断试错并优化策略。强化学习技术能够使机器人在复杂多变的环境中快速适应并做出最优决策,提高机器人的自主性和适应性。

3)知识图谱与语义分析:通过构建领域知识图谱并利用语义分析技术理解自然语言指令和上下文信息。这些技术有助于机器人理解复杂任务和指令背后的意图和逻辑关系,实现更自然、更高效的人机交互。

1.4.4 人机交互技术

人机交互技术是机器人系统设计中的重要组成部分,它决定了机器人与用户之间的沟通和协作方式。随着技术的进步和用户需求的多样化,人机交互技术也在不断创新和发展,关键技术包括以下几个方面。

1)自然语言处理:使机器人能够理解和生成自然语言文本和语音。自然语言处理技术包括语音识别、语音合成、语义理解等,能够实现机器人与人之间的自然语言交互,提高交互的便捷性和自然性。

2)虚拟现实与增强现实:通过虚拟现实(VR)和增强现实(AR)技术为机器人提供丰富的交互环境和工具。这些技术能够使用户沉浸在虚拟或增强的环境中与机器人进行交互,提高交互的真实感和沉浸感。

3)可穿戴设备与手势识别:利用可穿戴设备和手势识别技术实现用户与机器人之间的非接触式交互。这些技术能够捕捉用户的肢体动作和手势指令,并将其转化为机器人可理解的命令和控制信号,提高交互的灵活性和准确性。

第2章 机器人机械结构设计与实践

2.1 机器人机械结构设计的一般流程

在机器人领域，机械结构设计是决定一个产品能否实现或超预期实现预设功能的关键环节之一，因为一切上层软硬件都是基于机械本体完成的。机械结构设计需要有非常专业的知识背景作为支撑，而且专业知识和经验积累对机械结构设计工作同样重要，二者缺一不可，一个初学者往往需要经过长期的经验积累才能成为合格的结构设计工程师。下面以移动机器人为例，介绍机器人机械结构设计的一般流程。

2.1.1 机器人机械结构设计的内容

1）确定机器人类型与功能：首先明确移动机器人的应用场景和功能需求，如服务型、工业型、探险型等；根据需求选择合适的移动方式，如轮式、履带式、腿式或混合方式，并考虑其移动效率、地形适应性等需求。

2）移动机构设计：设计移动机构的具体结构，包括轮子、履带、腿部关节等；选择合适的材料，确保结构强度和耐久性；考虑驱动方式，如电动机驱动、液压驱动等，并设计相应的传动系统。

3）底盘与车身设计：设计底盘结构，确保稳定性、承载能力和灵活性；设计车身形状和布局，以适应内部设备和外部工作环境。

4）机械臂与夹持机构设计：根据任务需求设计机械臂的结构和自由度；设计夹持机构，确保能够稳定抓取目标物体。

5）传感器与控制系统设计：选择合适的传感器，如激光雷达、摄像头、陀螺仪等，用于环境感知和定位；设计控制系统，包括硬件和软件部分，以实现自主导航、避障等功能。

6）电源与动力系统设计：设计电源系统，选择合适的电池类型和容量；设计动力系统，确保机器人能够持续、稳定地运行。

2.1.2 机器人机械结构设计的步骤

1）需求分析：明确移动机器人的应用场景、功能需求和性能指标。

2）概念设计：提出初步的设计方案，包括移动方式、结构布局、控制系统等；进行方案评估，选择最优方案。

3）详细设计：对各个部件进行详细设计，包括尺寸、材料、加工工艺等；绘制详细的设计图样和装配图。

4）仿真与验证：使用 CAD 软件进行三维建模和仿真分析；进行必要的试验验证，评估设计方案的可行性和性能。

5）优化与改进：根据仿真和实验结果对设计方案进行优化和改进；重复上述步骤，直到达到设计要求。

6）生产与测试：编制生产工艺文件，指导生产制造；进行成品测试，确保产品质量和性能符合设计要求。

7）维护与升级：设计维护方案，确保机器人能够长期稳定地运行；根据用户反馈和技术发展进行产品升级和改进。

2.2　机器人机械结构设计实例分析

2.2.1　需求分析

在智能乒乓球训练场景中，用户期望智能机器人能够进行一定量的乒乓球捡球工作，能够实现乒乓球识别和自主导航；同时要求使用各种传感器，保证在捡球的过程中能够自动避开障碍物。为了实现上述需求，智能捡乒乓球机器人需要实现以下几个目标功能。

1）采集室内图像数据并进行预处理，在此基础上进行乒乓球的检测和定位，实现乒乓球检测识别并保证定位的实时性、有效性和可靠性。

2）根据检测并定位到的乒乓球数据，能够自主规划出一条最短路径，再把该最短路径发送到底层运动模块，实现机器人的自主运动，以最短的时间捡起所有的球，保证捡球效率。

3）在捡球时对每个目标进行路径规划，并在捡球的过程中合理避障，保证机器人工作时的安全性，做到在复杂环境下依然可以正常工作。

2.2.2　方案设计

1. 底盘部分设计

智能捡球机器人底板部分如图 2-1 所示，基本形状为矩形，在其中部开出矩形空洞，为控制器盒子安装预留位置。为了减小车身的总长度，底盘前侧采用内凹设计，以实现无刷收拢斜面收缩。矩形空洞周边设有车轮组件、控制器容器、捡球机构、储球机构、外壳部分的装配孔。

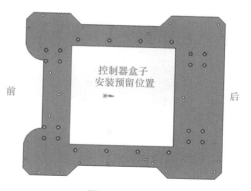

图 2-1　底板

电动机是产生动力的主要部件之一，按照工作电源可分为直流电动机和交流电动机两大类。在机器人上常用的是直流电动机，而直流电动机的种类也有很多，本方案选择编码器电动机，如图 2-2 所示。编码器电动机为减速电动机，转矩较大。在电动机的尾部有霍尔传感器，能够实时检测电动机的速度，由速度经过一定的计算可以得到机器人的姿态，另外，路径规划部分也需要编码器提供里程计信息。

电动机电源输入M1
GND霍尔供电输入−极(5V/3.3V)
C1编码器信号A相
C1编码器信号B相
霍尔供电输入+极(5V/3.3V)
电动机电源输入M2

图 2-2　编码器电动机

车轮整体主要由 U 形连接件、编码器电动机、联轴器和 4 个单独的铝合金车轮组成，车轮直径为 66mm。在分别安装好 4 套车轮组件后，将铝合金车轮整体安装到底盘上，从侧面看的效果如图 2-3 所示。

2. 控制器容器设计

控制器容器可装载电池与控制器，如图 2-4 所示，它包含控制器外壳和散热板。使用时先将控制器固定在散热板上，再将散热板用铜柱与底板相连，这样既可以将控制器抬高，又有利于散热，同时也有利于将电动机的引线引入控制器容器中与控制器相连。控制器容器在前、后、右侧均有开口，用于电动机走线和电池的取出与放入。

车轮组件
螺钉连接

图 2-3　安装车轮后的底盘

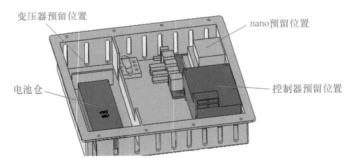

变压器预留位置
nano预留位置
电池仓
控制器预留位置

图 2-4　控制器容器

控制器容器安装于底盘下部，便于节约车体内部空间和进一步压低车体重心，提高车体稳定性，使用八组螺栓连接安装，如图 2-5 所示。

3. 捡球机构设计

如何高效率地拾取乒乓球是设计此机器人面临的最大难题。标准乒乓球的质量只有 3g 左右，这更增加了拾取乒乓球的难度。本机器人采用两个摩擦轮，它们以相同的转速相向转动，利用转动时产生的摩擦力将乒乓球卷进储球筐。原理图如图 2-6 所示，摩擦轮的材质为表面摩擦力较大的橡胶，电动机采用无刷电动机，先将无刷电动机固定在斜面上，然后将摩擦轮固定在无刷电动机上。保持两个摩擦轮间的距离在 40mm 左右，当乒乓球进入两个摩擦轮中间时就可以被收进储球筐中。

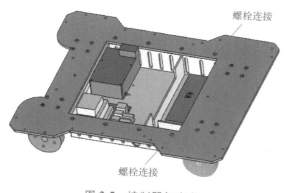

图 2-5　控制器与底盘

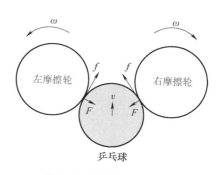

图 2-6　捡乒乓球原理图

捡球机构主要由前端斜面、聚拢装置、摩擦轮构成，如图 2-7 所示。摩擦轮为捡球机构的关键，与地面之间有一定角度的摩擦轮对称安装，将地上的乒乓球卷起上抛到后面的储球筐中。聚拢装置起到将前方的乒乓球聚拢到摩擦轮前方的作用，提高捡球效率。前端斜面为摩擦轮和聚拢装置的载体，同时，在聚拢装置两侧开有圆弧孔，这是为了防止少量捡球失误时的卡球现象。安装时应注意将聚拢装置安装在捡球机构的上面，将聚拢机构有深凹槽的部位朝上放置，有浅凹槽的部分与前端斜面对齐。

捡球机构通过 3 组螺栓连接安装于底盘上，在车轮与控制器容器的对侧安装。如果发现捡球机构离地的距离过小，则可以把螺母拧到捡球机构的前端斜面和底盘之间，充当垫片的作用，这样可以将捡球机构整体抬高。安装结果如图 2-8 所示。

11

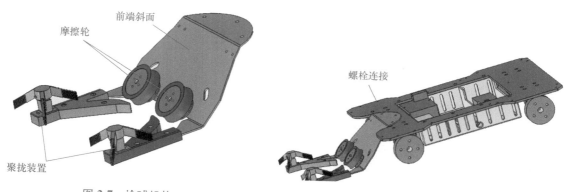

图 2-7　捡球机构

图 2-8　捡球机构与底盘

4. 储球机构设计

储球机构由储球筐和储球筐支架构成。储球筐支架通过螺栓连接与底盘直接相连，起到将车轮的裸露部分支撑起来的作用，避免储球筐与车轮相接触，同时起到固定储球筐的作用。储球筐为异形结构，壁上有和储球筐支架相对应的卡扣。在储球筐支架安装完毕后，直接将储球筐与储球筐支架相对应的异形开槽对齐即可。储球筐和储球筐支架均通过 3D 打印制成，有一定的韧性，因此储球筐内部有筋支撑，用来保护其不变形。安装图如图 2-9 所示。

5. 外壳部分设计

外壳部分均由钣金件制作完成，具有强度高、容易拆卸的特点。主体上加工有不同功用的预留孔，如图 2-10 所示。前面有半圆形开口，以使摄像头有足够的视野范围，可以观察到下方的捡球装置是否收集到乒乓球。此外，外壳的两侧经过事先裁剪，以保证外壳与车轮之间有充足的距离，不干扰车轮旋转。

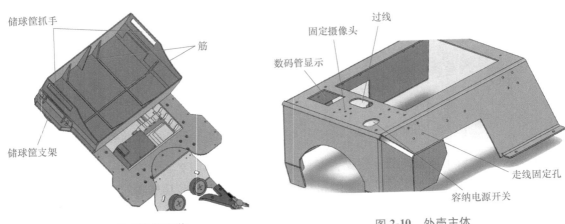

图 2-9　储球机构安装

图 2-10　外壳主体

外壳的两侧部件如图 2-11 所示，它们对称地通过螺栓连接安装在外壳上，与外壳成为一个整体。安装时，要将两侧部件放在外壳主体的内侧，以上部结构的孔相对齐进行定位安装，如图 2-11 所示。

将外壳固定在底盘上之后，继续安装引导斜面，其作用是将捡球机构捡到的乒乓球传到储球筐之中，引导斜面设计为下宽上窄的簸箕形状，如图 2-12 所示，这样设计的好处在于可以使没有顺利到达储球筐的乒乓球自然地沿两边滚下，防止乒乓球在车体内积攒过多而阻塞，同时两侧有上弯的钣金边，可以防止乒乓球提前滚下。

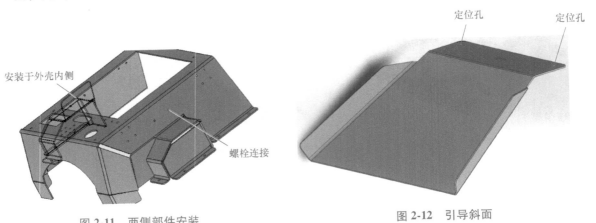

图 2-11　两侧部件安装

图 2-12　引导斜面

引导斜面将通过 2 组螺栓连接与外壳主体相连接，安装时要将引导斜面的平面置于外壳上侧进行安装，如图 2-13 所示。

在完成底盘部分和外壳部分的安装后，可将外壳部分整体安装到底盘上，构成捡乒乓球机器人的主体，并可安装开关与数码管等，结果如图 2-14 所示。

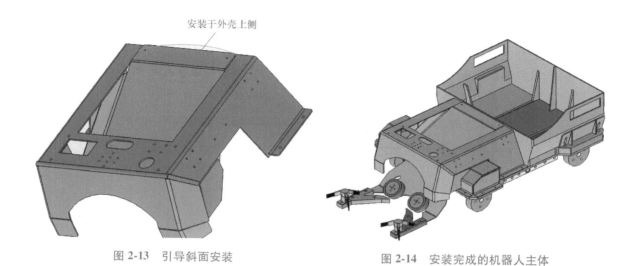

图 2-13　引导斜面安装　　　　　　　　图 2-14　安装完成的机器人主体

6. 传感器部分设计

机器人使用的传感器包括单目摄像头和激光雷达两种视觉传感器，通过 USB 线与主控制器相连接。摄像头通过 4 组螺栓连接与外壳相连接，并且有两种不同的安装位置，可自行选择合适的位置安装。安装如图 2-15 所示。

13

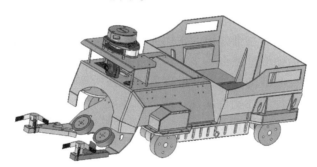

图 2-15　传感器的安装

2.3　机器人机械结构设计综合实践

2.3.1　实验一：SOLIDWORKS 绘零件图

1. 实验描述

SOLIDWORKS 软件技术创新符合 CAD 技术的发展潮流和趋势，是世界上第一个基于 Windows 开发的三维 CAD 系统。SOLIDWORKS 软件功能强大，组件繁多，能够提供不同的设计方案，减少设计过程中的错误，并能提高产品质量，而且操作简单方便、易学易用。三维绘图最基础的是零件图的绘制，零件图就是把机器的各个零件绘制出来。在 SOLIDWORKS 中，所有操作都是建立在有零件图的基础之上的，例如，绘制装配体图、进行有限元分析及运行仿真等均需先有零件图。

2. 实验目的

熟悉 SOLIDWORKS 软件，掌握常用的绘图命令并能够绘制三维零件图。

3. 基础知识

（1）软件界面认识　软件界面认识如图 2-16 所示，主要包括以下几个部分。

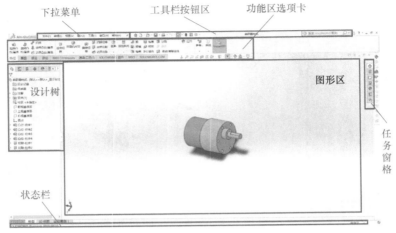

图 2-16　软件界面认识

下拉菜单：下拉菜单包括软件所有的功能，帮助执行某些命令或操作。

工具栏按钮区：包括针对文件的操作的常用按钮。

功能区选项卡：包括针对三维建模的常用命令。

设计树：体现出当前模型是怎么一步一步创建出来的。

任务窗格：①提供一些帮助文件，帮助使用者查找所需功能；②含现有的标准件，帮助使用者便捷建模；③对零件添加颜色属性，进行简单渲染。

状态栏：①提供一些提示性信息，例如，当选择某一特征时，在状态栏会提示使用者下一步该做什么；②告诉使用者当前环境，例如，当前处在草图环境、零件环境等。

图形区：显示当前模型三维图。

（2）常用命令　常用命令主要包括以下三种。

智能尺寸命令：绘制三维图及工程图时经常会使用到智能尺寸命令，一般用它来标注线段、直径、半径、角度、距离等的尺寸。

草图命令：草图命令包括线段、圆、样条曲线等绘制平面图常使用的绘图命令，草图命令是绘制三维图最先要用到的命令，而后才能通过赋予草图特征，把二维的草图变成三维的立体图。

特征命令：特征命令包括拉伸、拉伸切除、抽壳、倒角等，每个特征一般需要一个草图来生成，少数特征需要两个或两个以上草图来生成。

4. 实验步骤

1）以前视基准面为基准，选择"绘制草图"命令绘制如图 2-17 所示的草图。在绘图时先使用"直线"命令大致绘制出形状，再使用"智能尺寸"命令编辑每条边的长度。

2）第 1）步图形绘制完成后选择"凸台-拉伸"命令，深度给定为"204.00mm"，如图 2-18 所示。

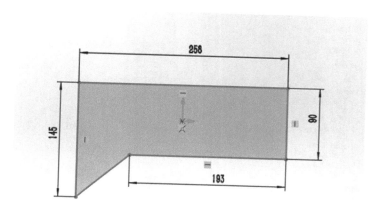

图 2-17　第 1）步

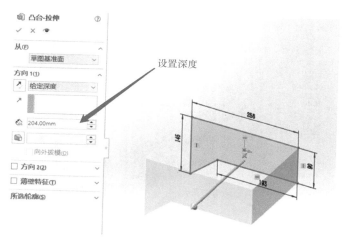

图 2-18　第 2）步

3）选择"圆角"命令，单击要给定圆角的边线（如果需要可以选择多条需要生成圆角的边线），圆角半径给定为"45.00mm"，如图 2-19 所示。完成后单击"确定"按钮。

4）再次选择"圆角"命令，选择需要生成圆角的边线，给定半径为"5.00mm"，如图 2-20 所示。完成后单击"确定"按钮。

5）选择"抽壳"命令，给定厚度为"2.50mm"，单击需要移除的面，如图 2-21 所示。完成后单击"确定"按钮。

6）以外壳上表面为基准选择"绘制草图"命令，先使用"直线"命令绘制矩形，再使用"圆角"命令将左侧直角变成圆角，完成后使用"智能尺寸"命令给定定形尺寸和定位尺寸，如图 2-22 所示。

7）选择"拉伸-切除"命令，在"方向"选项组中选择从"成形到下一面"，如图 2-23 所示。完成后单击"确定"按钮。

8）以外壳前表面为基准，绘制如图 2-24 所示的草图［此处可参考第 7）步］。完成后单击"确定"按钮。

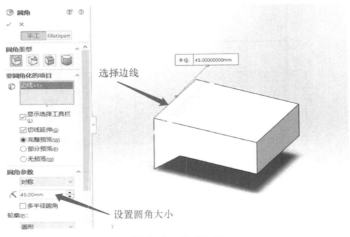

图 2-19　第 3）步

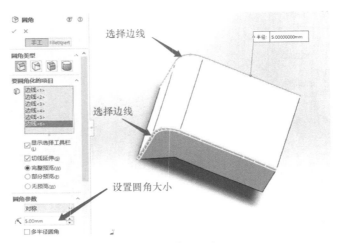

图 2-20　第 4）步

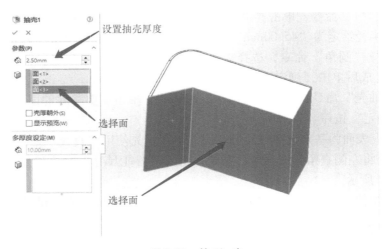

图 2-21　第 5）步

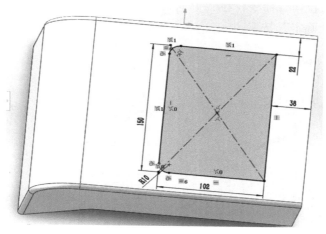

图 2-22　第 6) 步

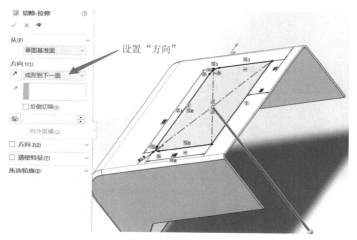

图 2-23　第 7) 步

17

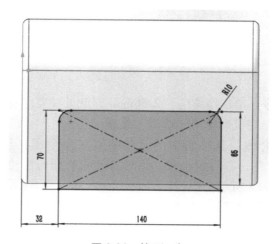

图 2-24　第 8) 步

9）选择"切除-拉伸"命令，在"方向"选项组中选择"成形到下一面"，如图 2-25 所示。完成后单击"确定"按钮。

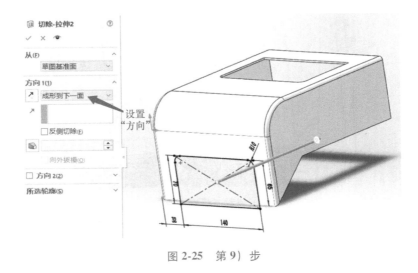

图 2-25 第 9）步

10）以外壳的后表面为基准选择"绘制草图"命令，绘制如图 2-26 所示的草图。注意线段的端点与外壳边缘重合，否则下一步会出错。

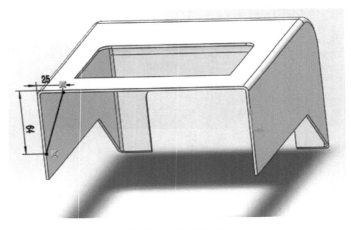

图 2-26 第 10）步

11）选择"筋"命令，给定厚度为"2.50mm"，此处注意"拉伸方向"和"厚度"设置要与图 2-27 所示一致，完成后单击"确定"按钮。

12）选择"参考集合体"选项组中的"基准面"命令建立基准面。"第一参考"与"第二参考"选择外壳的左、右两侧表面。此时新建的基准面在"第一参考"和"第二参考"的中间位置。如图 2-28 所示。

13）利用第 12）步基准面镜像"筋"命令。然后选择"镜向"命令。在"镜向面"中选择刚刚创建的基准面。在"要镜向的特征"中选择"筋"，如图 2-29 所示。完成后单击"确定"按钮。

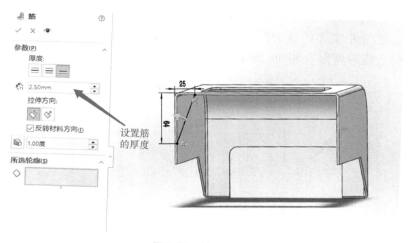

图 2-27　第 11) 步

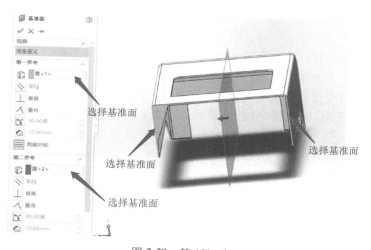

图 2-28　第 12) 步

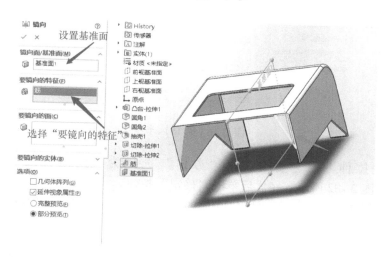

图 2-29　第 13) 步

14）选择"绘制草图"命令，选择"草图"选项组中的"等距实体"命令。给定厚度为"2.50mm"。要等距实体的线为图 2-30 所示的内边缘线。单击"确定"按钮，此时出现一条与选择的边线距离为 2.50mm 的线。

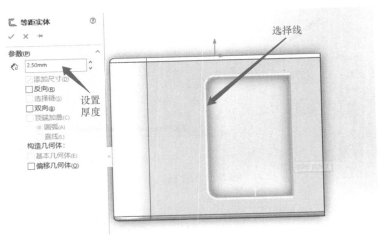

图 2-30　第 14）步

15）绘制一条与左边线距离 40.00mm 的直线，选择"剪裁实体"命令将多余的线剪掉，效果如图 2-31 所示。完成后单击"确定"按钮。

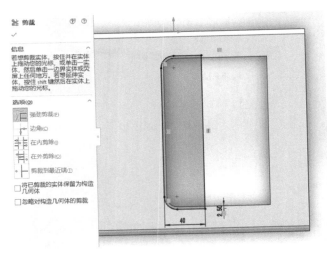

图 2-31　第 15）步

16）选择"拉伸凸台"命令，将"方向"选择为"给定深度"，给定厚度为"25.00mm"，如图 2 -32 所示。完成后单击"确定"按钮。

17）选择"圆角"命令，再选择要圆角的边线，给定半径为"30.00mm"，如图 2-33所示。完成后单击"确定"按钮。

18）选择"抽壳"命令，单击要抽壳的面（图 2-34），给定厚度为"2.50mm"。完成后单击"确定"按钮。

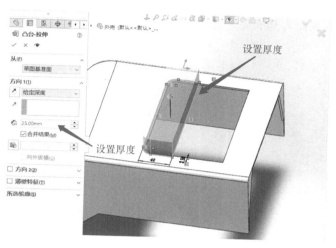

图 2-32　第 16）步

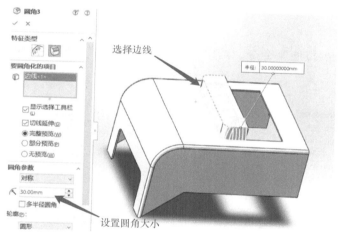

图 2-33　第 17）步

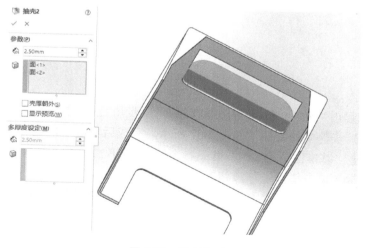

图 2-34　第 18）步

19）以外壳的内表面为基准面，选择"绘制草图"命令，绘制如图 2-35 所示的草图。

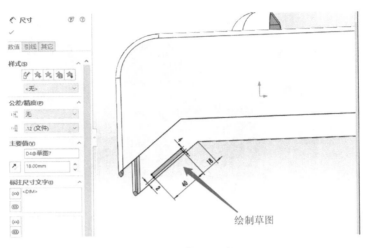

图 2-35　第 19）步

20）选择"凸台-拉伸"命令，给定厚度为"5.00mm"，如图 2-36 所示。完成后单击"确定"按钮。

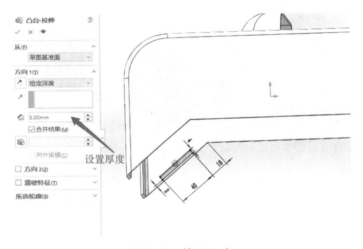

图 2-36　第 20）步

21）选择"镜向"命令，基准面选择在第 13）步所建立的基准面，在"要镜向的特征"中选择第 20）步建立的特征，如图 2-37 所示。完成后单击"确定"按钮。

22）选择新建"基准面"命令，"第一参考"和"第二参考"选择圆角的上、下两边线，如图 2-38 所示。单击"确定"按钮基准面建立完成。

23）在第 22）步建立的基准面上绘制如图 2-39 所示的草图（草图线条完全变黑说明此草图已经完全定义）。

24）选择"切除-拉伸"命令，在"方向"中选择"完全贯穿"命令，如图 2-40 所示。完成后单击"确定"按钮。

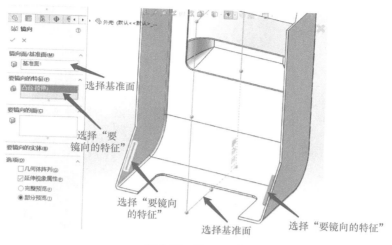

图 2-37　第 21) 步

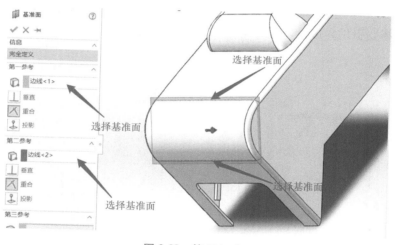

图 2-38　第 22) 步

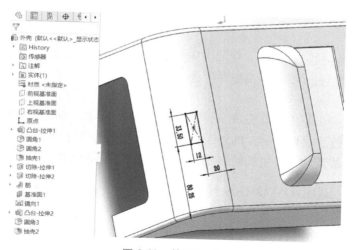

图 2-39　第 23) 步

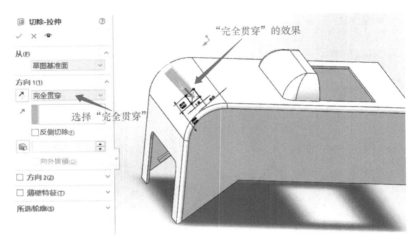

图 2-40　第 24）步

25）以第 22）步建立的基准面为基准，选择"草图绘制"命令，选择"转换实体引用"命令，选择要引用的边线，如图 2-41 所示。

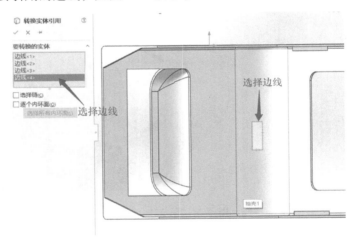

图 2-41　第 25）步

26）选择"凸台-拉伸"命令，在"方向"选项组中选择"成形到一面"，单击所要成形到的面，选择"薄壁特征"，给定薄壁厚度为"3.00mm"。单击"确定"按钮，效果如图 2-42 所示。

27）绘制到这一步零件图就完成了，效果如图 2-43 所示。单击"保存"选项保存此三维图。此三维图为捡乒乓球机器人的外壳，但是与真实的外壳在细节上还有些差距，本实验意在帮助同学们理解及学会常用的绘制零件图的命令。望同学们认真体会。

2.3.2　实验二：SOLIDWORKS 绘装配图

1. 实验描述

一个机器是将所有的零件通过添加装配关系组装起来的，要把画好的零件图组装起来形成一个装配体，就需要为画好的零件图添加装配关系，就像现实中需要将零散的零件组装起来，才能形成一个机器人，而添加装配关系的顺序也可以参考现实中组装这些零件的过程。

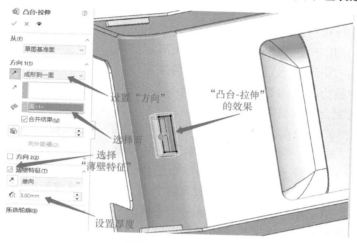

图 2-42　第 26）步

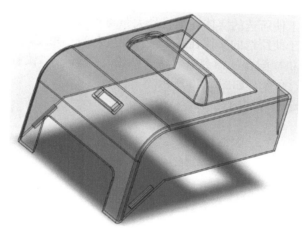

图 2-43　第 27）步

2. 实验目的

掌握并理解常用的配合命令，熟练运用常用命令将给定的零件图装配成一个机器。

3. 基础知识

配合就是为零部件之间添加一定的关系，如平行关系，重合关系等，SOLIDWORKS 的配合命令可分为三类：最常用的标准配合、较少用的高级配合以及专业机械人员使用较多的机械配合。

（1）标准配合　"标准配合"命令组中有"重合""平行""垂直""相切""同轴心""锁定""距离""角度"，如图 2-44 所示。

"重合"命令：用于使所选对象之间实现重合。

"平行"命令：用于使所选对象之间实现平行。

"垂直"命令：用于使所选对象之间实现相互垂直的定位。

"相切"命令：用于使对象之间实现相切。

"同轴心"命令：用于使所选对象实现同轴。

"锁定"命令：用于将两个零件实现锁定，即使两个零件之间相对位置固定，但与其他的零件之间可以进行相对运动。

"距离"命令：用于使所选对象之间实现距离定位。

"角度"命令：用于使所选对象之间实现角度定位。

在配合命令中最为基础的是标准配合，而本实验也只使用了标准配合命令作为练习。高级配合命令和机械配合命令只需了解即可。

（2）高级配合 "高级配合"命令组中有"轮廓中心""对称""宽度""路径配合""线性/线性耦合""距离""角度"命令，如图2-45所示。

"轮廓中心"命令：用于将所选轮廓的中心重合。

"对称"命令：用于将选择的面（一般为两个面）相对某基准面对称。

"宽度"命令：用于使所选平面处于某两个平面的中间位置。

"路径配合"命令：用于将所选实体能够沿着某路径移动。

"线性/线性耦合"命令：用于在一个零部件的平移路线和另一个零部件的平移路线之间建立几何关系。

"距离"命令：用于使所选的实体在某一最大距离和最小距离之间移动。

"角度"命令：用于使所选的实体在某一最大角度和最小角度之间旋转。

（3）机械配合 "机械配合"命令组包括"凸轮""槽口""铰链""齿轮""齿条小齿轮""螺旋""万向节"命令，如图2-46所示。

"凸轮"命令：用于凸轮间的配合。

图 2-44 标准配合　　　　　　图 2-45 高级配合　　　　　　图 2-46 机械配合

"槽口"命令：用于槽与孔之间的配合。

"铰链"命令：用于铰链间的配合，如链轮与链条。

"齿轮"命令：用于齿轮间的配合。

"齿条小齿轮"命令：用于齿轮与齿条间的配合。

"螺旋"命令：用于螺纹紧固件与螺纹孔间的配合。

"万向节"命令：用于万向节的配合。

4. 实验步骤

1）首先新建一个文件，选择"装配体"选项，单击"确定"按钮。步骤1）如图 2-47 所示。

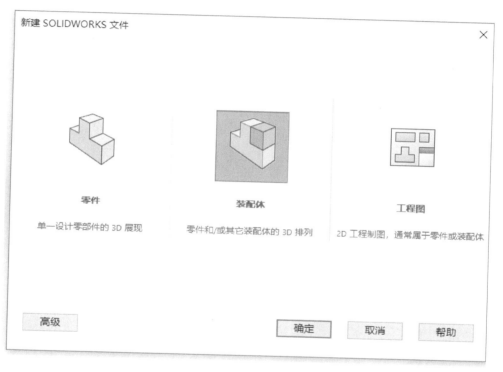

图 2-47 步骤 1）

2）单击"插入零件图"按钮，选择"装配图实验"文件夹下的所有零件图。此文件夹中包括机器人的底盘 1 个、电动机 1 个、联轴器 1 个、车轮 2 个（2 个不一样）。步骤2）如图 2-48 所示。

3）选择"配合"命令，在"标准配合"选项组中选择"重合"命令，在"配合选择"中单击电动机支架和电动机要配合的面，将电动机和电动机支架配合起来。单击"确定"按钮。步骤3）如图 2-49 所示。

4）在"标准配合"选项组中选择"同轴心命令"选项，在"配合选择"中单击电动机和电动机支架要同轴的面，单击"确定"按钮。步骤4）如图 2-50 所示。

5）再次选择"同轴心"命令，选择要同心的面，单击"确定"按钮。步骤5）如图 2-51 所示。

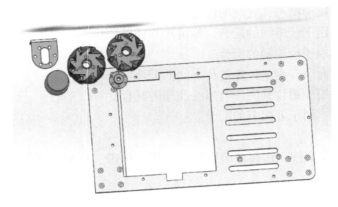

图 2-48　步骤 2）

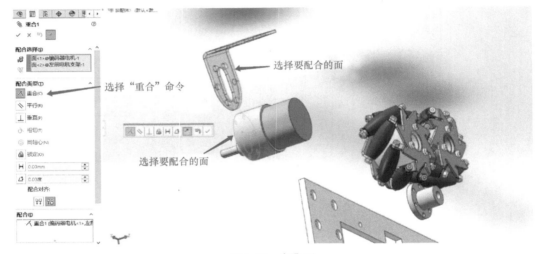

图 2-49　步骤 3）

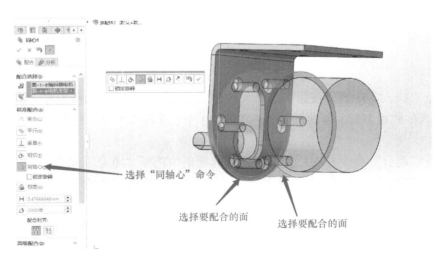

图 2-50　步骤 4）

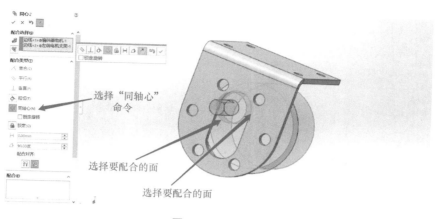

图 2-51　步骤 5）

6）在"标准配合"选项组中选择"重合"命令，单击底盘和电动机要重合的面，将电动机与底盘配合起来，单击"确定"按钮。步骤 6）如图 2-52 所示。

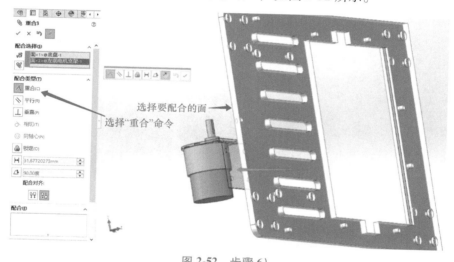

图 2-52　步骤 6）

7）选择"同轴心"命令，将电动机支架和底盘配合起来。单击"确定"按钮。步骤 7）如图 2-53 所示。

8）再次选择"同轴心"命令，将电动机支架的另一个孔和底盘配合起来，单击"确定"按钮。步骤 8）如图 2-54 所示。

9）使用"同轴心"命令，将电动机和法兰联轴器配合起来。步骤 9）如图 2-55 所示。

10）选择"距离"命令，在"配合选择"中单击法兰联轴器和电动机要配合的面，给定距离为"1.00m"。单击"确定"按钮。步骤 10）如图 2-56 所示。

11）选择"基准面"命令，新建基准面。在"第一参考"和"第二参考"中选择底盘的左右两面。单击"确定"按钮。步骤 11）如图 2-57 所示。

12）选择"线性零部件阵列"中的"镜向零部件"命令，在"镜向基准面"中选择第11）步所建立的基准面，在"要镜向的零件中"选择电动机支架、电动机和联轴器。单击"确定"按钮。步骤 12）如图 2-58 所示。

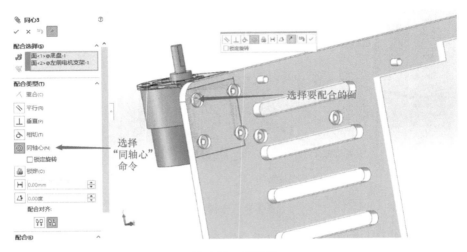

图 2-53　步骤 7)

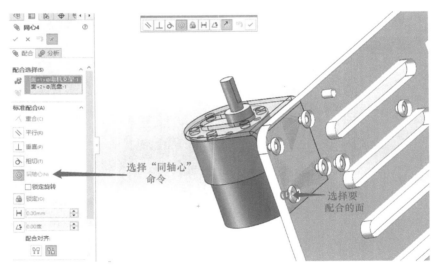

图 2-54　步骤 8)

13）选择"基准面"命令新建基准面。参考面选择图 2-59 所示的面，单击"确定"按钮。步骤 13）如图 2-59 所示。

14）选择"线性零部件阵列"中的"镜向零部件"命令，基准面选择第 13）步所建立的基准面，"要镜向的零部件"选择图 2-60 所示的零部件。单击"确定"按钮。

15）通过复制（<Ctrl+C>）、粘贴（<Ctrl+V>)命令将每个（不能将一个车轮粘贴两次）给定的车轮分别复制出一个。

16）选择"重合"命令，使联轴器和车轮相应的面重合。单击"确定"按钮。步骤 16）如图 2-61 所示。

17）选择"同轴心"命令，将车轮和联轴器相应的面同轴心。单击"确定"按钮。步骤 17）如图 2-62 所示。

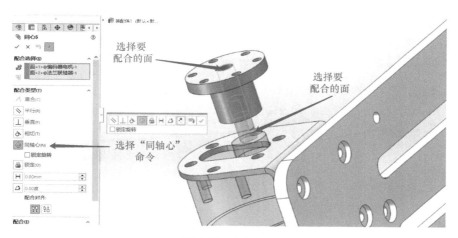

图 2-55　步骤 9)

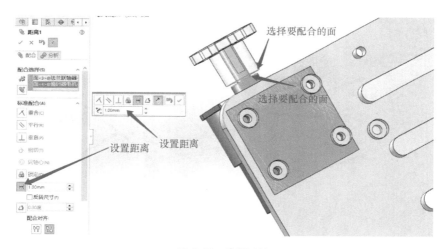

图 2-56　步骤 10)

31

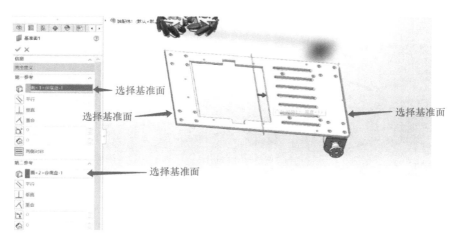

图 2-57　步骤 11)

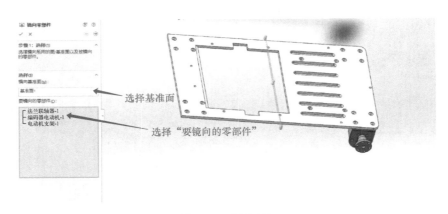

图 2-58　步骤 12）

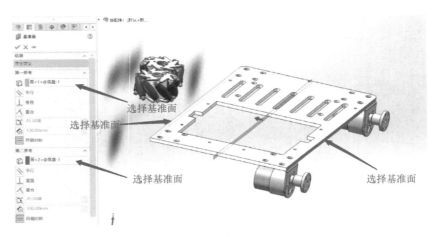

图 2-59　步骤 13）

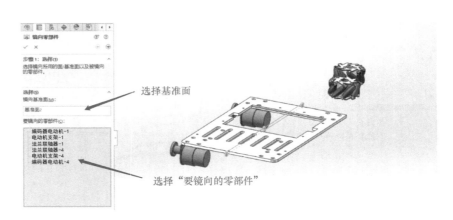

图 2-60　步骤 14）

18）重复步骤 16）、步骤 17）命令将 4 个车轮全部装配完成，保存装配图，如图 2-63 所示。实验结束。

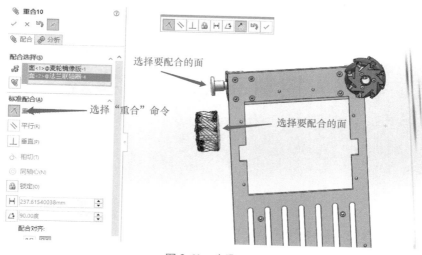

图 2-61　步骤 16)

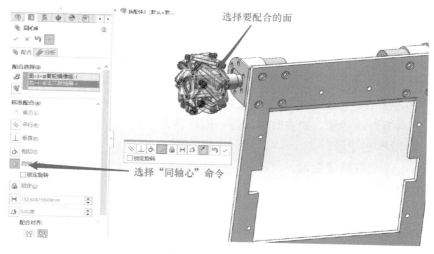

图 2-62　步骤 17)

33

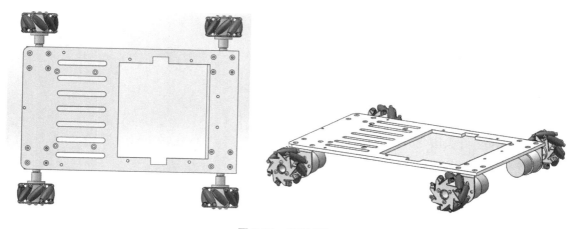

图 2-63　步骤 18)

第 3 章　机器人控制系统设计与实践

3.1　机器人控制系统设计入门

3.1.1　C 语言复习

在嵌入式开发中，C 语言是最常用的开发语言，对于嵌入式开发人员来说，熟练掌握 C 语言是重中之重。以下几个知识点希望大家好好复习一下。

1. 关键字

应掌握如下 32 个 C 语言标准定义的关键字。

1) auto：声明自动变量，缺省时编译器一般默认为 auto。

2) int：声明整型变量。

3) double：声明双精度变量。

4) long：声明长整型变量。

5) char：声明字符型变量。

6) float：声明浮点型变量。

7) short：声明短整型变量。

8) signed：声明有符号类型变量。

9) unsigned：声明无符号类型变量。

10) struct：声明结构体变量。

11) union：声明联合数据类型。

12) enum：声明枚举类型。

13) static：声明静态变量。

14) switch：用于开关语句。

15) case：开关语句分支。

16) default：开关语句中的"其他"分支。

17) break：跳出当前循环。

18) register：声明寄存器变量。

19) const：声明只读变量。

20) volatile：说明变量在程序执行中可被隐含地改变。

21）typedef：自定义数据类型。

22）extern：声明外部变量。

23）return：子程序返回语句（可以带参数，也可不带参数）。

24）void：声明函数无返回值或无参数，声明空类型指针。

25）continue：结束当前循环，开始下一轮循环。

26）do：循环语句的循环体。

27）while：循环语句的循环条件。

28）if：条件语句。

29）else：条件语句否定分支（与 if 连用）。

30）for：一种循环语句。

31）goto：无条件跳转语句。

32）sizeof：计算对象所占内存空间大小。

2. 位运算

C 语言提供了 6 种位运算符，具体见表 3-1。

表 3-1　运算符说明

运算符	&	|	^	~	<<	>>
说明	按位与	按位或	按位异或	取反	左移	右移

3. 指针与数组

内存中字节的编号称为地址（Address）或指针（Pointer）。对于 C 语言来说，一切都是地址！

将这样的一组数据的集合称为数组（Array），它所包含的每一个数据称为数组元素（Element），所包含的数据的个数称为数组长度（Length），例如，"int a［4］;" 就定义了一个长度为 4 的整型数组，名字是 a。

4. 变量作用域

C 语言从两个方面控制变量的性质：作用域（scope）和生存期（lifetime）。作用域是指可以存取变量的代码范围，生存期是指可以存取变量的时间范围。

5. 头文件作用

一般而言，每个 C++/C 程序通常由头文件（headerfiles）和定义文件（definitionfiles）组成。头文件作为一种包含功能函数、数据接口声明的载体文件，用于保存程序的声明（declaration），而定义文件用于保存程序的实现（implementation）。

3.1.2　编程思想

在嵌入式软件开发中，语法是载体，算法是灵魂，而连接二者的就是编程思想。代码被看作静态的、固定的表达，思想是动态的，正确理解并熟练运用编程思想比学习基础语法难得多，并非缘于其知识的庞杂，而在于其内涵的抽象。需要多从实践中学习，大量阅读优秀的代码，努力积攒自己的优质代码段，才可以从中吸取编程思想的精华。

1. 软件分层

分层是软件设计中非常重要的思想，特别是面对较大的软件系统。分而治之是计算机中经常采用的一种方法。概括来说，分层式设计可以实现如下目标：分散关注、松散耦合、逻辑复用、标准定义。而这些也正是软件分层的优点。

在嵌入式软件开发中，常常需要多组人员、多个阶段、多种模块配合。在这种情况下，软件分层使开发人员可以只关注整个结构中的某一层；可以很容易地用新的实现来替换原有层次的实现；可以降低层与层之间的相互依赖性；有利于实现标准化；有利于各层逻辑的复用。

2. 状态机

总的来说，有限状态机（Finite State Machine，FSM）系统是指在不同阶段会呈现出不同运行状态的系统，这些状态是有限的、不重叠的。这样的系统在某一时刻一定会处于其所有状态中的一个状态，此时它接收一部分允许的输入，产生一部分可能的响应，并且迁移到一部分可能的状态。

状态机可归纳为 4 个要素，即现态、条件、动作、次态。这样归纳主要是出于对状态机的内在因果关系的考虑，"现态"和"条件"是因，"动作"和"次态"是果，详解如下。

1）现态：指当前所处的状态。

2）条件：又称为"事件"。当一个条件被满足，将会触发一个动作，或者执行一次状态的迁移。

3）动作：条件满足后执行的动作。动作执行完毕后，可以迁移到新的状态，也可以仍旧保持原状态。动作不是必需的，当条件满足后，也可以不执行任何动作，直接迁移到新状态。

4）次态：条件满足后要迁往的新状态。"次态"是相对于"现态"而言的，"次态"一旦被激活，就转变成新的"现态"了。

3.1.3　固件库入门

在前面编程思想的基础上来理解为什么有固件库，固件库的作用是什么。固件库类似于 API，让开发者少接触底层就可以写出程序，提高开发效率并降低门槛。但是，还是建议多看看官方的 Datasheet 和 ReferenceManual，只有熟悉了底层，才能写出更高效的嵌入式程序。

固件库的难度不在于其概念和优点的理解，而在于其具体实现的过程，下面以 M3 内核的 STM32F103 为例，从固件库最低端的结构体与芯片地址的对应来说明其具体实现过程。

注意：这部分知识比较抽象，需要有基本的 MCS-51 开发基础，但不影响实验程序的理解与编写！

1. 寄存器地址

ARM 将 MCU 各功能的实现都以寄存器不同位的不同状态值来表示，并且给每个寄存器分配了"寄存器地址"。简单来说，具有不同功能的"位 bit"组成具有控制或状态表示的"寄存器 Register"，再由单个或多个"寄存器 Register"构成某个"功能外设 Peripheral"，而这些"功能外设 Peripheral"就是要学习的，如 GPIO、IIC、SPI、UART、Timer 等。

如此看来，学习嵌入式编程，其实就是在满足"某种特定时序"的情况下，正确控制"寄存器 Register"的某些"位 bit"为要求的值。下面看一下 C 语言中的地址映射。

注意：如无特别说明，本节所述"地址映射"，特指"ARM 处理器的寄存器 Register 的地址映射"！

2. 地址映射

先以 MCS-51 单片机为例。单片机开发中经常会引用一个 reg51.h 的头文件，下面看看它是怎么把名字和寄存器联系起来的：

```
sfr P0 = 0x80;
```

sfr 是一种扩充数据类型，占用一个内存单元，值域为 0~255。利用它可以访问 51 单片机内部的所有特殊功能寄存器。例如，用"sfr P1 = 0x90；"语句定义 P1 为 P1 端口在片内的寄存器。然后地址为 0x80 的寄存器的赋值语句为"P0 = value；"。

> 注意：这是理解本节的基础知识，如果读者不具备此基础，可能会对以下内容更难理解，不过这并不影响本章的实验代码分析！

那么在 STM32 中是否也可以这样做呢？答案是肯定的。肯定也可以通过同样的方式来做，但是 STM32 因为寄存器数量庞大，如果一一以这样的方式列出来，需要很大的篇幅，既不便于开发，也显得杂乱无序。所以 MDK 采用的方式是通过结构体来将寄存器组织在一起。下面讲解 MDK 是怎么把结构体和地址对应起来的，为什么修改结构体成员变量的值就可以操作对应寄存器的值。这些操作都是在 stm32f10x.h 文件中完成的。下面通过 GPIOA 的几个寄存器的地址来讲解。

首先可以查看《STM32 中文参考手册 V10》中的寄存器地址映射表（P129），如图 3-1 所示。

偏移	寄存器	31	30	29	28	27	26	25	24	23	22	21	20	19	18	17	16	15	14	13	12	11	10	9	8	7	6	5	4	3	2	1	0
000h	GPIOx_CRL	CNF7[1:0]		MODE7[1:0]		CNF6[1:0]		MODE6[1:0]		CNF5[1:0]		MODE5[1:0]		CNF4[1:0]		MODE4[1:0]		CNF3[1:0]		MODE3[1:0]		CNF2[1:0]		MODE2[1:0]		CNF1[1:0]		MODE1[1:0]		CNF0[1:0]		MODE0[1:0]	
	复位值	0	1	0	1	0	1	0	1	0	1	0	1	0	1	0	1	0	1	0	1	0	1	0	1	0	1	0	1	0	1	0	1
004h	GPIOx_CRH	CNF15[1:0]		MODE15[1:0]		CNF14[1:0]		MODE14[1:0]		CNF13[1:0]		MODE13[1:0]		CNF12[1:0]		MODE12[1:0]		CNF11[1:0]		MODE11[1:0]		CNF10[1:0]		MODE10[1:0]		CNF9[1:0]		MODE9[1:0]		CNF8[1:0]		MODE8[1:0]	
	复位值	0	1	0	1	0	1	0	1	0	1	0	1	0	1	0	1	0	1	0	1	0	1	0	1	0	1	0	1	0	1	0	1
008h	GPIOx_IDR	保留																IDR[15:0]															
	复位值																	0	0	0	0	0	0	0	0	0	0	0	0	0	0	0	0
00Ch	GPIOx_ODR	保留																ODR[15:0]															
	复位值																	0	0	0	0	0	0	0	0	0	0	0	0	0	0	0	0
010h	GPIOx_BSRR	BR[15:0]																BSRR[15:0]															
	复位值	0	0	0	0	0	0	0	0	0	0	0	0	0	0	0	0	0	0	0	0	0	0	0	0	0	0	0	0	0	0	0	0
014h	GPIOx_BRR	保留																BRR[15:0]															
	复位值																	0	0	0	0	0	0	0	0	0	0	0	0	0	0	0	0
018h	GPIOx_LCKR	保留															LCKK	LCKR[15:0]															
	复位值																0	0	0	0	0	0	0	0	0	0	0	0	0	0	0	0	0

图 3-1　GPIO 寄存器地址映射表

从图 3-1 所示映射可以看出，GPIOA 的 7 个寄存器的位宽都为 32 位，所以每个寄存器占用 4 个地址，因为有 7 个寄存器，所以一共占用 28 个地址，地址偏移范围为 000h~01Bh。这个地址偏移是相对 GPIOA 的基地址而言的。GPIOA 的基地址是怎么算出来的？因为 GPIO

挂载在 APB2 总线之上，所以它的基地址是由 APB2 总线的基地址和 GPIOA 在 APB2 总线上的偏移地址决定的。同理以此类推，便可以算出 GPIOA 基地址了。这里涉及总线的一些知识，在后面会讲到。下面打开 stm32f10x.h 定位到 GPIO_TypeDef 定义处：

```
typedefstruct
{
__IOuint 32_tCRL;
__IOuint 32_tCRH;
__IOuint 32_tIDR;
__IOuint 32_tODR;
__IOuint 32_tBSRR;
__IOuint 32_tBRR;
__IOuint 32_tLCKR;
}GPIO_TypeDef;
```

然后定位到：

```
#define GPIOA((GPIO_TypeDef＊)GPIOA_BASE)
```

可以看出，GPIOA 是将 GPIOA_BASE 强制转换为 GPIO_TypeDef 指针，这行语句意思是 GPIOA 指向地址 GPIOA_BASE，GPIOA_BASE 存放的数据类型为 GPIO_TypeDef。然后双击"GPIOA_BASE"，选中之后右键选中"Go to definition of"，便可查看 GPIOA_BASE 的宏定义：

```
#define GPIOA_BASE(APB2PERIPH_BASE+0x0800)
```

以此类推，可以找到最顶层：

```
#define APB2PERIPH_BASE(PERIPH_BASE+0x10000)
#define PERIPH_BASE((uint 32_t)0x40000000)
```

所以便可以算出 GPIOA 的基地址位：

```
GPIOA_BASE=0x40000000+0x10000+0x0800=0x40010800
```

GPIOA 的起始地址（也就是基地址）确实是 0x40010800，同样的道理，可以推算出其他外设的基地址。

上面已经知道 GPIOA 的基地址，那么 GPIOA 的 7 个寄存器的地址又是怎么算出来的？在上面讲过 GPIOA 的各个寄存器对于 GPIOA 基地址的偏移地址，所以可以自然地计算出每个寄存器的地址：

```
GPIOA 的寄存器的地址=GPIOA 基地址+寄存器相对 GPIOA 基地址的偏移值
```

GPIOA 各寄存器实际地址表见表 3-2。这个偏移值在寄存器地址映射表中可以查到。

表 3-2　GPIOA 各寄存器实际地址表

寄存器	偏移地址	实际地址 = 基地址 + 偏移地址
GPIOA->CRL	0x00	0x40010800+0x00
GPIOA->CRH；	0x04	0x40010800+0x04
GPIOA->IDR；	0x08	0x40010800+0x08
GPIOA->ODR	0x0c	0x40010800+0x0c
GPIOA->BSRR	0x10	0x40010800+0x10
GPIOA->BRR	0x14	0x40010800+0x14
GPIOA->LCKR	0x18	0x40010800+0x18

那么在结构体中，这些寄存器又是怎么与地址一一对应的？这里就涉及结构体的一个特征，那就是结构体存储的成员的地址是连续的。上面讲到 GPIOA 是指向 GPIO_TypeDef 类型的指针，又由于 GPIO_TypeDef 是结构体，因此自然而然地就可以计算出 GPIOA 指向的结构体成员变量的对应地址了。

通过将 GPIO_TypeDef 定义中的成员变量的顺序和 GPIOx 寄存器地址映射对比可以发现，它们的顺序是一致的，如果不一致，就会导致地址混乱。

这就是为什么固件库里面 "GPIOA-> BRR = value；" 就是设置地址为 0x40010800 + 0x014（BRR 偏移量）= 0x40010814 的寄存器 BRR 的值了。它和 51 里面 "P0 = value；" 是设置地址为 0x80 的 P0 寄存器的值是一样的道理。

3.1.4　软件工具

1. MDK 简介

MDK 即 RealViewMDK 或 MDK-ARM，是 ARM 公司收购 Keil 公司以后，基于 uVision 界面推出的针对 ARM7、ARM9、Cortex-M0、Cortex-M1、Cortex-M2、Cortex-M3、Cortex-M4 等 ARM 处理器的嵌入式软件开发工具。MDK-ARM 集成了业内最领先的技术，包括 uVision4 集成开发环境与 RealView 编译器 RVCT，现在最新版为 MDK5。MDK 可以自动配置启动代码，集成 Flash 烧写模块，拥有强大的 Simulation 设备模拟、性能分析等功能，与 ARM 之前的工具包 ADS 等相比，RealView 编译器的最新版本可将性能提高 20% 以上。MDK 适合不同层次的开发者使用，专业的应用程序开发工程师和嵌入式软件开发的入门人员均可使用。MDK 包含了工业标准的 KeilC 编译器、宏汇编器、调试器、实时内核等组件，支持所有基于 ARM 的设备，能帮助工程师按照计划完成项目。

2. J-Link 简介

J-Link 是 SEGGER 公司为支持仿真 ARM 内核芯片推出的 JTAG 仿真器，配合 IARE-WARM、ADS、KEIL、WINARM、RealView 等集成开发环境，支持所有 ARM7、ARM9、ARM11、Cortex-M0、Cortex-M1、Cortex-M3、Cortex-M4、CortexA5、CortexA8、CortexA9 等内核芯片的仿真，可与 IAR、Keil 等编译环境无缝连接，操作简单，连接方便，是学习开发 ARM 非常实用的开发工具。

产品规格：电源 USB 供电，整机电流<50mA，支持的目标板电压为 1.2~3.3V，5V 兼容。目标板供电电压为 4.5~5V（由 USB 提供 5V），目标板供电最大电流为 300mA，具有过流保护功能，工作环境温度为 5~60℃。J-Link 仿真器目前已经升级到 V9.1 版本，其仿真速度和功能远非简易的并口 WIGGLER 调试器可比。

3. 串口调试助手

在嵌入式开发中，要经常用到各类调试接口，除了 J-Link 外，还经常用到串口 UART 进行调试输入输出，这个时候需要串口调试工具——串口调试助手。资料中自带了串口调试助手和多功能调试助手两种串口调试工具，这两种小工具很有用，且都简单易上手，使用前只需按要求设置对应的 COM 口、波特率、起始位、停止位和校验位即可。

3.2 机器人控制系统设计实例分析

3.2.1 硬件设计

智能捡球机器人控制系统主要采用三层架构的设计模式，包括底盘模块、主控模块和视觉模块。选用 STM32 作为底层模块的处理器，其外接有蓝牙模块、IMU 模块、捡球装置和移动底盘；选用 i.MX8 作为 ROS 主控的处理器，负责运行 ROS 和各个节点程序；选用 Jetson Nano 作为视觉模块的处理器，其外接有深度相机和激光雷达。处理器与底盘通过串口交互，ROS 主控运行 Ubuntu18.04 系统，可以很好地支持 ROS melodic 版本系统，组建出可学性强、结构层次清晰、简单易学的捡乒乓球机器人。智能捡球机器人控制系统的硬件结构如图 3-2 所示。

1. 底盘模块

平台使用 STM32 芯片为底盘模块的核心板。STM32F103 是目前市场占有率较高的基于 ARM Cortex-M3 内核的微控制器。Cortex-M3 是一个 32 位处理器内核，内部的数据路径是 32 位的，寄存器是 32 位的，存储器接口也是 32 位的。CM3 采用了哈佛结构，拥有独立的指令总线和数据总线，可以让指令读取与数据访问并行不悖。这样一来数据访问不再占用指令总线，从而提升了性能。为实现此功能，CM3 内部含有多条总线接口，每条都为各自的应用场合优化过，并且它们可以并行工作。CM3 内

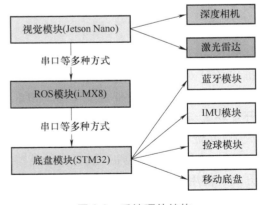

图 3-2　系统硬件结构

部还附有多个调试组件，用于在硬件水平上支持调试操作，如插入指令断点、数据观察点等。另外，为支持更高级的调试，还有其他可选组件，包括指令跟踪和其他多种类型的调试接口。

2. 主控模块

平台选用博创 UP 派套装作为 ROS 模块的处理器。博创科技推出的这款高端学习平台尺寸为 100mm×65mm，CPU 采用恩智浦 i.MX8MM 工业级处理器，4×Cortex-A53+Cortex-M4 架构，处理器运行速度高达 1.8GHz，其内部集成了电源管理、安全单元和丰富的互联接口，

具有高性能、低功耗、灵活的内存选项和高速接口，以及优质的音视频功能，GPU 采用 3D GPU GC7000-Nano Ultra 和 2D GPU GC520L，为嵌入式人工智能、物联网、机器人应用提供安全、高性能的解决方案；内存为 2GB LPDDR4，读写速率达 3000MTS；配备 32GB TF 卡存储；板载 WiFi/蓝牙模块、红外接收模块、LED、40 pin GPIO 扩展；配备 4 个 USB 2.0 接口、USB OTG 接口、MIPI CSI 摄像头接口、MIPI DSI 液晶屏接口、USB 串口、千兆以太网接口、TF 卡接口等外部接口。博创 UP 派接口如图 3-3 所示。

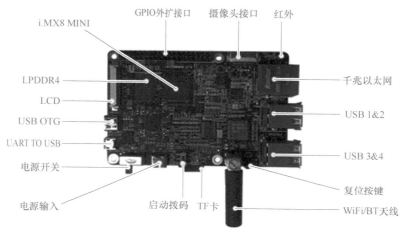

图 3-3　博创 UP 派接口图

i. MX8 核心控制器的详细硬件参数如下。

1）CPU：恩智浦 i. MX8MM 工业级处理器，4×Cortex-A53+Cortex-M4 架构，处理器运行速度高达 1.8GHz。

2）内存：2GB LPDDR4。

3）EMMC：8GB 存储。

4）接口：音频输入输出接口，USB OTG 接口。

5）8 位拨码开关，可以随时切换烧录方式和启动方式。

6）i. MX8 专用电源管理芯片 MMPF0100F0EP，为处理器及系统其他设备提供电源。

7）输入电压：4.2V。

8）支持 2D、3D 图形加速。

3. 视觉模块

平台选用 Jetson Nano 作为视觉模块的处理器，其外接有深度相机和激光雷达。NVIDIA Jetson Nano 是一款体积小巧、功能强大的人工智能嵌入式开发板，2019 年 3 月由英伟达推出。

Jetson Nano 接口如图 3-4 所示。Jetson Nano 裸机具有 9 个接口，分别为 SD 卡插槽、40 个 pin 角的 GPIO 接口、USB 口的 5V 输入源、有线网口、4 个 USB 3.0 口、HDMI 输出端口、DP 显示接口、直流 5V 输入电源、MIPI CSI-2 摄像头。

Jetson Nano 开发板具有强大的扩展性，并且其操作系统可以自行下载和烧录。在编程语言方面，Jetson Nano 开发板的操作系统能够很好地支持当前用于深度学习领域的 Python 语言，同时还支持 Java、C 等多种常用的编程语言。NVIDIA Jetson Nano 预装 Ubuntu 18.04LTS 系统，NVIDIA Jetson Nano Developer Kit 的核心配置如下。

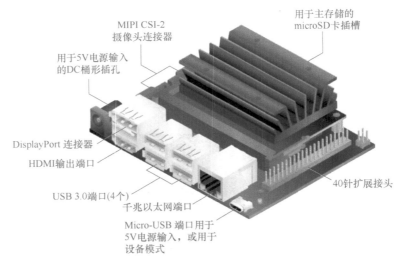

用于主存储的
microSD 卡插槽

MIPI CSI-2
摄像头连接器

用于5V电源输入
的DC桶形插孔

DisplayPort 连接器

HDMI输出端口

40针扩展接头

USB 3.0端口(4个)

千兆以太网端口

Micro-USB 端口用于
5V电源输入，或用于
设备模式

图 3-4　Jetson Nano 接口图

1）CPU：四核 ARM Cortex-A57 MPCore 处理器。

2）GPU：NVIDIA Maxwell w/128 NVIDIA CUDA 核心。

3）内存：4 GB 64 位 LPDDR4。

4）接口：4 个 USB 3.0 端口，HDMI 和 DisplayPort 输出。

5）I/O：I2C、SPI、UART 及与 Raspberry Pi 兼容的 GPIO 接头。

6）i. MX8 专用电源管理芯片 MMPF0100F0EP，为处理器及系统其他设备提供电源。

7）输入电压：4.2V。

8）支持 2D、3D 图形加速。

3.2.2　软件设计

机器人软件部分分为四层架构。

1）第一层由 Linux 操作系统的 OS 层组成。

2）第二层是中间层，由 ROS 内核通信体系和相关的服务库组成。例如，采用 TCP/UDP 网络封装的通信服务系统 TCPROS/UDPROS，或者 Nodelet API 进程内通信，它可以有效地支持多个进程之间的数据通信，并且可以有效优化数据的传输方式，从而使 ROS 的实时性能更加出色。Client Library 客户端库可以为 ROS 提供用于交互通信的功能和接口。

3）第三层是应用层，运行着管理者 ROS Master 和目标识别节点、底盘控制节点、巡航控制节点、避障控制节点、地图建立节点、捡球控制节点这六个功能节点。

4）第四层是决策层，负责实现机器人从感知、规划、控制到动作的决策流程。

视觉模块与 ROS 主控之间通过话题通信传输数据信息，ROS 主控与底层模块通过串口通信传输数据信息。系统软件结构如图 3-5 所示。

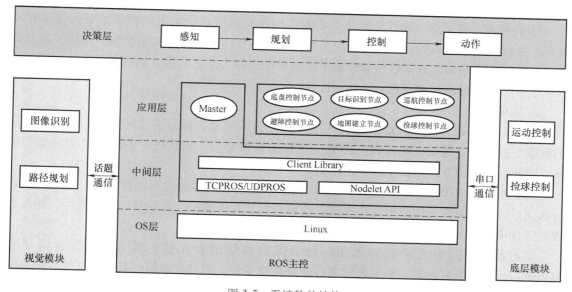

图 3-5　系统软件结构

1. ROS 节点设计

（1）地图建立节点　地图建立节点负责控制机器人利用激光雷达完成地图扫描，需要利用 ROS 系统中的 RViz 软件进行，并通过键盘控制机器人完成场地的扫描，完成后将绘制好的地图保存，以供后续使用。

（2）巡航控制节点　巡航控制节点负责规划机器人的巡航路径，根据提前利用地图建立节点绘制好的地图，机器人可以根据不同需要，选择不同的巡航模式，如定点式巡航、地毯式巡航等，来规划不同的巡航路径，并通过机器人实时坐标来判断是否到达巡航终点。

（3）避障控制节点　避障控制节点负责控制机器人躲避障碍物，避障控制节点将利用激光雷达传感器感知周围环境信息，以判断机器人是否遇到了障碍物，并控制机器人绕开障碍，实现避障。

（4）目标识别节点　目标识别节点负责识别和定位乒乓球，作为捡乒乓球机器人实现捡球工作的基础，实验中选用 USB 摄像头作为机器人的视觉传感器，可同时检测和定位乒乓球。为了准确地识别乒乓球，选用 YOLOv5 算法识别并检测乒乓球，将训练好的模型部署到 Jetson Nano 上，以实现实时检测，将检测到的乒乓球坐标信息通过话题通信的方式发布给捡球控制节点。

（5）捡球控制节点　捡球控制节点负责以下两部分内容。

1）第一部分是控制机器人追逐乒乓球的方式，为了实现快速高效的捡球过程，实验中选用变速运动的控制方式。在捡球控制节点通过话题通信的方式接收到乒乓球在机器人坐标系下的坐标后，将根据乒乓球与机器人的相对位置，利用 PD 算法控制机器人转向角速度的大小，以准确朝向乒乓球。机器人前进方向的线速度将根据乒乓球与机器人的实时距离进行变换，有加速、匀速、减速的运动方式，进而实现快速接近乒乓球。

2）第二部分是控制捡球无刷电动机的转速大小，为了防止无刷电动机一直处于高速运转状态而过热，机器人将根据乒乓球与机器人的实时距离选择电动机的转速，使无刷电动机在追球时降低转速，在捡球时提升转速。

（6）底盘控制节点　底盘控制节点负责将捡球控制节点中给出的控制指令传输给移动底座，从而实现机器人的移动，实验中采用4个车轮作为机器人的移动装置。底层节点首先需要通过话题通信的方式接收捡球控制节点发布的机器人速度信息，然后打开串口，将机器人的速度信息传输给移动底盘。

2. 通信设计

（1）节点话题（topic）通信　ROS是一个分布式框架，可以实现跨进程的高效、可靠的数据交换，它的通信机制可以支持各个进程的数据交换，使软硬件的运行更加高效、可靠，因此，其通信方式是整个系统的基础。

实验中采取ROS中最基本也最常用的基于话题实现的订阅发布通信机制，这是一种在分布式系统中比较常见的数据交换方式。这种机制具有松耦合性和较强的可拓展性，能够有效地支持机器人的任务，从而提高系统的可扩展性。

发布者和订阅者之间进行通信，必须提前做好准备工作：首先，发布者需要在ROS Master上公开其所发布的话题的名称，并且指定相关的消息类型；其次，订阅者需要向ROS Master发出订阅的请求，以确保双方能够获得有效的沟通；最后，两者建立联系，开启一段沟通，而且，这种沟通采用单向数据传输方式，具体的交互模式如图3-6所示。

为了在本实验所设计的各个节点之间实现话题通信，将目标识别节点命名为"image_process"，捡球控制节点命名为"ping_subs"，底盘控制节点命名为"serial_node"。各个节点之间的话题通信情况如图3-7所示，目标识别节点"image_process"订阅摄像机传来的原始图像信息"image_raw"，进行处理后得到乒乓球位置坐标信息"ball_location"，并将其通过话题发布，捡球控制节点"ping_subs"订阅得到乒乓球位置坐标信息"ball_location"后，计算出机器人捡

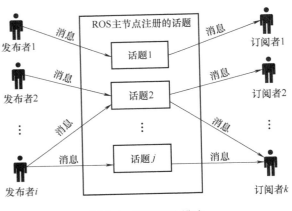

图3-6　话题通信模式

球需要的线速度与角速度信息"cmd_vel"并将其通过话题发布，底盘控制节点"serial_node"订阅线速度与角速度信息"cmd_vel"，打开串口，将速度信息串口传输给机器人移动底座，控制机器人移动。

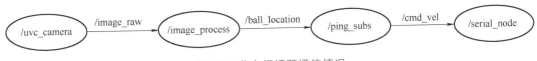

图3-7　节点间话题通信情况

（2）底层串口通信　串口通信是一种常用的通信方式，用于实现通用串口外设和计算机之间的数据传输。它通过连接数据信号线、地线和控制线等，在比特位的级别上进行数据传输。串口通信基于ASCII码进行字符传输，并以位为最小传输单位。尽管串行通信比并行

通信的传输速率慢，但它具有简单易用的优点。485 串口总线甚至可以实现长达 1200 米的传输距离，满足远距离通信的需求。在实验中，常采用异步通信方式，仅需三根线（地线、发送线、接收线）即可完成通信任务。波特率、数据位、停止位和奇偶校验是串口通信中的四个重要参数，对于两个设备端口之间的通信，相应的参数必须做到完全一致。串口通信流程简单明了，如图 3-8 所示。

在 ROS 平台上，设计了一个串口节点，它能够接收"talker"控制节点发出的指令，并且能够实时接收来自移动底座的传感器实时数据，这些数据会被封装成"sensor"主题，然后以"listener"的形式发布出去。通过这种方式，ROS 和移动基础设施之间的串行通信得以实现。

Linux 下的串口有很多现成的实例，如 LibcSSL，当然也可以自己编程实现。对于 ROS 架构的串口也有现成的实例，如 serial code，也有基于 STM32 的 ROS 串口代码框架，可利用它们提高开发效率。

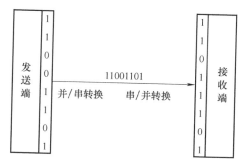

图 3-8　串口通信流程图

使用时只需要在 ROS 中安装 serial 功能包，建立简单的串口节点、talk 节点、listener 节点后即可进行通信，可以在不使用任何外设的情况下实现简单的串口通信。

本实验中发布给底盘的话题为"cmd_vel"，因此需要设计一个节点用于接收"cmd_vel"话题，获取该话题中的消息并将其转换成移动底座可识别的速度及角速度指令，通过串口发送给移动底座，从而控制移动底座按既定要求运动。该节点还需要接收底座的通过串口上传过来的里程编码消息并转换成里程计消息发布到 ROS 上层，为 ROS 导航提供需要的里程计消息。

设计一个 ROS 节点，用于控制移动底座和发布导航信息。节点订阅名为"cmd_vel"的话题，并接收包含 x、y 两个方向的线速度和绕 z 轴的角速度的指令。根据移动底座的类型，使用相应的运动学解析函数将这些指令转换为电动机运动指令，以控制底座的运动。转换后的指令通过串口发送给连接在 STM32 控制器上的移动底座。

同时，节点通过串口接收由移动底座提供的位置、速度和偏航角等信息，经过特殊的变换处理后的信息以"nav_msgs/Odometry"消息的形式发布，其中，"pose"参数提供了机器人在里程计参考系下的位置估算值，可选地包含估算协方差；"twist"参数提供了机器人在机器人基础参考系下的速度估算值，可选地包含速度估算协方差。

串口发送的数据格式也就是移动底座接收数据包的格式，格式定义：

```
head|head|velocity_x|velocity_y|angular_v|CRC
—|—|—
0xff|0xff|float|float|float|unsigned char
```

其中，velocity_x 代表沿着 x 方向的线速度；velocity_y 代表沿着 y 方向的线速度；angular_v 代表沿着 z 方向的角速度。

由于移动底座是沿着地面进行移动的，因此仅仅考虑了 z 方向的角速度，而整个数据传输的总长度是 15 字节。由于串口传输均为 16 进制数值传输，因此需要将其从浮点值变成 16 进制值，这就需要将其从内存中读取出来。首先，需要创建一个串口连接，然后将串口调整至 115200 的波特率，同时保证是 8 位数据 1 个停止位的无校验模式。按照相关的通信规则，确保接收或传输的缓存时间。数据打包是将获取的"cmd_vel"信息打包并通过串口发送。串口数据写入采用 Serial::write（uint8_t * buffer，size_t size）函数将"cmd_vel"话题的消息数据分解为 x、y、z 方向的速度，然后根据通信协议将数据打包。

串口接收的数据格式也就是移动底座发送的数据包格式，格式定义：

```
head | head | x-position | y-position | x-speed | y-speed | angular-speed
pose-angular | CRC
— | — | —
0xaa | 0xaa | float | float | float | float | float | float | u8
```

其中，x-position 表示机器人实时 x 坐标位置；y-position 表示机器人实时 y 坐标位置；x-speed 表示机器人实时 x 坐标方向速度；y-speed 表示机器人实时 y 坐标方向速度；angular-speed 表示机器人当前角速度；pose-angular 表示机器人当前偏航角。数据上传的总长度为 27 字节。根据串口通信协议将底层发送来的数据拆分为 x、y 方向的坐标、速度、角速度、偏航角等经过特殊转换话题形式发布出去。至此实现了 ROS 与底座 STM32 之间的通信。

3.3 机器人控制系统设计综合实践

本节以模块的形式介绍捡乒乓球机器人底盘的源码实现，为后面的综合实验打下基础，了解 STM32 中 C 与 C++的开发流程，并从 ROS 的常用模块入手本章的实验。

3.3.1 实验一：电动机驱动

1. 实验描述

电动机驱动是底层运动控制中最基础的部分，电动机的驱动主要分为对电动机的转速控制和转向控制，直流电动机主要通过 STM32 输出的 PWM 实现对电动机速度的控制，电动机的速度主要通过电动机上的编码器实时测出。

2. 实验目的
- 掌握单片机通用 I/O 口的使用。
- 掌握单片机定时器产生占空比可调的 PWM。
- 掌握单片机定时器的编码器功能，实现对电动机转速的测量。

3. 实验环境
- 硬件：捡乒乓球机器人底盘、STLink、MicroUSB 串口线、PC。
- 软件：Keil MDK520、串口调试助手。

4. 实验内容
- 了解 STM32 基于标准库的开发流程。

- 认识直流减速电动机。
- 了解定时器 PWM 模式的使用。
- 了解电动机驱动和转速调节。

5. 实验原理

　　直流减速电动机即齿轮减速电动机，是在普通直流电动机的基础上加上配套齿轮减速箱，齿轮减速箱的作用是提供较低的转速和较大的转矩。同时，根据齿轮箱的不同减速比，可以提供不同的转速和转矩，这大大提高了直流电动机在自动化行业中的使用率。减速电动机是指减速机和电动机（马达）的集成体，这种集成体通常也可称为齿轮马达或齿轮电动机。通常由专业的减速机生产厂组装好后成套供货。减速电动机广泛应用于钢铁行业、机械行业等。使用减速电动机的优点是简化设计、节省空间。图 3-9 所示为本实验所用电动机实物图。

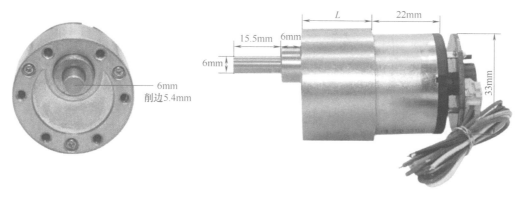

图 3-9　电动机实物图

　　本平台所用的 JGB37-520 直流减速电动机是一个带编码器的直流减速电动机，编码器的作用是测速。一般直流电动机的转速都是一分钟成千上万转的，所以需要安装减速器。减速后的直流电动机转矩更大，可控性更强。编码器是将信号或数据进行编制，转换为可用于通信、传输和存储的信号形式的设备。编码器把角位移或直线位移转换成电信号，前一种功能的编码器称为码盘，后一种功能的编码器称为码尺，它是工业中常用的电动机定位设备，可以精确地测试电动机的角位移和旋转位置，测得位移后，就可以通过计算得到速度。

　　减速电动机引脚定义见表 3-3，其中，引脚 1、6 就是直流电动机引脚，电动机旋转和速度调节功能的实现只需这两个引脚即可，调节这两个引脚的直流电压大小，即可实现直流电动机调速，改变施加于电动机上直流电压的极性，即可实现电动机换向。引脚 2~5 是编码器功能引脚。

表 3-3　减速电动机引脚定义

引脚序号	颜色	说明	引脚序号	颜色	说明
1	红线	M1 电动机动力线 1	4	绿线	编码器 B 相
2	黑线	编码器电源 GND	5	蓝线	编码器电源 VCC
3	黄线	编码器 A 相	6	白线	M2 电动机动力线

按照工作原理，编码器可分为增量式和绝对式两类。增量式编码器是将位移转换成周期性的电信号，再把这个电信号转变成计数脉冲，用脉冲的个数表示位移的大小。绝对式编码器的每一个位置对应一个确定的数字码，因此它的示值只与测量的起始和终止位置有关，而与测量的中间过程无关。JGB37-520采用的是增量式编码器。JGB37-520减速电动机的编码器是由霍尔传感器和铁氧体磁环组成的装置。霍尔传感器是根据霍尔效应制作的一个磁场检测开关，霍尔传感器有三根引脚，一根是VCC（一般接5V供电），一根是GND（电源地），还有一根是信号线。默认情况下，信号线是低电平的，当有磁场接近时（实际就是要求磁场强度达到一定值后），霍尔传感器的信号线就变为高电平；如果此时把磁场移开，信号线又变为低电平。当轴旋转时，固定在轴上面的磁环随之旋转，霍尔传感器附近产生变化的磁场，这样在霍尔传感器的信号引脚就可以输出高低电平的脉冲信号。

在JGB37-520减速电动机编码器中，两个霍尔传感器位置与转轴的连线相差90°，直流电动机轴旋转一圈在霍尔传感器引脚上有11个脉冲信号输出，这样可以得到A相、B相的分辨率为11的编码器；同时因为安装结构问题，A相和B相信号存在90°的限位差。注意，铁氧体磁环固定在直流电动机转轴上，与减速电动机的输出轴不一样，减速电动机的输出轴是经过减速齿轮变换后的。该电动机的减速比为1∶30，所以，如果减速电动机输出轴旋转一周，实际上可以检测到的编码器脉冲数量为11×30=330个。

电动机驱动部分采用东芝半导体公司生产的一款直流电动机驱动器件，具有大电流MOSFET-H桥结构，双通道电路输出，支持一块芯片同时驱动两个电动机。TB6612FNG每通道输出最高达1.2A的连续驱动电流，启动峰值电流可以达到2A（连续脉冲）、3.2A（单脉冲），包含正转、反转、制动、自由停止四种电动机控制模式。PWM支持高达100KHz的频率，而且电路简单，使用比较方便。

AIN1、AIN2、BIN1、BIN2为逻辑输入，其中，AIN1、AIN2控制输出AO1/AO2；BIN1、BIN2控制输出BO1/BO2。例如，AIN1输入高电平1，AIN2输入低电平0，AO1/AO2对应电动机正转；AIN1输入低电平0，AIN2输入高电平1，AO1/AO2对应电动机反转，调速就是改变高电平的占空比。PWMA、PWMB调节电动机的转速、启动、停止，当PWMA、PWMB是低电平时，无论AIN1、AIN2、BIN1、BIN2输入电平是什么状态，电动机都不会转动，只有当PWMA、PWMB为高电平时，电动机才会正转或反转。电动机的控制状态见表3-4。

表3-4　电动机控制状态

AIN1	AIN2	PWMA	PWMB	电动机状态
X	X	0	1	刹车
1	0	1	1	顺时针
0	1	1	1	逆时针
0	0	1	1	自由停止
1	1	1	0	刹车

对于电动机的转速控制，需要调节输入电压的大小，有两种方法可以调节电动机转

速：一种是调压调速，另一种是 PWM 调速。两种调速方式的区别如下。

1）调节对象不同：调压调速调节的对象是电压，PWM 调速对脉冲宽度进行调制。

2）调速方式不同：调压调速在某一转速范围内可以实现无级调速，PWM 调速是变频调速。

3）调速优势不同：调压调速的效率低，但是电动机在整个调速范围内都能平稳运行；PWM 调速效率高，但是在最低转速时电动机运行是脉动的，噪声变大，而且负载越大越严重。

由于实验平台采用的电路无法直接进行调压，因此采用 PWM 调速。PWM 调速的核心就是改变高电平的占空比。在 STM32 中高级定时器和通用定时器都可以产生 PWM 信号。图 3-10 所示为 STM32 的定时器框图。STM32 中共有 8 个定时器，包括 2 个高级定时器、4 个通用定时器、2 个基本定时器。其中，高级定时器 TIM1 和 TIM8 能够产生 3 对 PWM 互补输出，常用于三相电动机的驱动，时钟由 APB2 的输出产生；通用定时器 TIM2～TIM5 和基本定时器 TIM6、TIM7 的时钟由 APB1 输出产生。

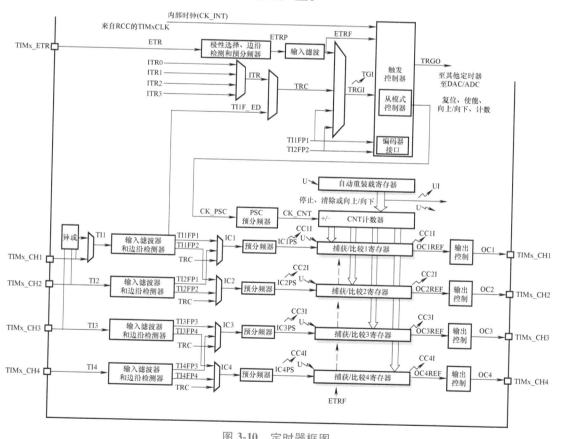

图 3-10 定时器框图

根据电路设计，实验平台采用 TIM2 驱动电动机 1，TIM3 驱动电动机 2，本章单独实验将使用 TIM2 控制电动机。

实验平台用的 PWM 模式选择内部时钟（CK_INT）计数，方便计算。TIM2～TIM5 的时钟不是直接来自于 APB1，而是来自于输入为 APB1 的一个倍频器。这个倍频器在 APB1 的预分频系数为 2、4、8 或 16 时起作用，定时器的时钟频率等于 APB1 的频率的 2 倍；而在 APB1 的预分频系数为 1 时不起作用，定时器的时钟频率等于 APB1 的频率（36MHz）。在时钟初始化代码中已经配置了 APB1 的预分频系数为 2，这样定时器的时钟频率等于 72MHz。

TIM2~TIM5 有向上计数、向下计数、向上向下双向计数这三种模式。在向上计数模式下，计数器从 0 计数到自动加载值（TIMx_ARR 计数器内容），然后重新从 0 开始计数并且产生一个计数器溢出事件。在向下计数模式下，计数器从自动加载值（TIMx_ARR）开始向下计数到 0，然后从自动加载值重新开始，并产生一个计数器向下溢出事件。在向上向下双向计数模式（中央对齐模式）下，计数器从 0 开始计数到自动加载值-1，产生一个计数器溢出事件，然后向下计数到 1 并且产生一个计数器溢出事件；然后再从 0 开始重新计数。本实验所附代码使用的是向上计数模式，代码为：

```
TIM_BaseInitStructure.TIM_CounterMode  =TIM_CounterMode_Up;  //计数方向
```

要想实现 PWM 波的输出，还需要知道定时器中的 PWM 模式，PWM 模式是输出比较模式的一种特例，包含于输出比较模式中，在配置为 PWM 输出功能时，捕获/比较寄存器 TIMx_CCR 被用作起比较功能，若配置脉冲计数器 TIMx_CNT 为向上计数模式，而重载寄存器 TIMx_ARR 被配置为 N，即 TIMx_CNT 的当前计数值 X 在 TIMx_CLK 时钟源的驱动下不断累加，当 TIMx_CNT 的数值 X 大于 N 时，会重置 TIMx_CNT 数值为 0 并重新开始计数。而在 TIMx_CNT 计数的同时，TIMx_CNT 的计数值 X 会与比较寄存器 TIMx_CCR 预先存储的数值 A 进行比较，当脉冲计数器 TIMx_CNT 的数值 X 小于比较寄存器 TIMx_CCR 的值 A 时，输出高电平（或低电平），相反地，当脉冲计数器的数值 X 大于或等于比较寄存器的值 A 时，输出低电平（或高电平）。如此循环，得到的输出脉冲周期为重载寄存器 TIMx_ARR 存储的数值（N+1）乘以触发脉冲的时钟周期，其脉冲宽度则为比较寄存器 TIMx_CCR 的值 A 乘以触发脉冲的时钟周期，即输出 PWM 的占空比为 A/（N+1）。实现以上过程的代码为：

```
/*
    Motor motor1(MOTOR2,1000-1,72-1);
    计数器预分频值为 72,计数器频率为 1MHz
    定时器重装载值为 1000,所以定时器周期为 1ms,
    可以得到 PWM 频率为 1000 Hz
*/
TIM_TimeBaseInitTypeDef TIM_BaseInitStructure;
TIM_OCInitTypeDef   TIM_OCInitStructure;

RCC_APB1PeriphClockCmd(MOTOR_PWM_TIM_CLK[this->motor],ENABLE);

TIM_BaseInitStructure.TIM_Period      =this->arr;      //定时器周期
TIM_BaseInitStructure.TIM_Prescaler   =this->psc;      //预分频值
```

```
TIM_BaseInitStructure.TIM_ClockDivision  =TIM_CKD_DIV1;    //时钟分频
TIM_BaseInitStructure.TIM_CounterMode    =TIM_CounterMode_Up;
                                                         //计数方向
```

配置比较输出寄存器：

```
TIM_OCInitStructure.TIM_OCMode=TIM_OCMode_PWM1;  //选择模式 PWM1
TIM_OCInitStructure.TIM_OutputState=TIM_OutputState_Enable;
                                            //开启 OC 输出到对应引脚
TIM_OCInitStructure.TIM_Pulse=0;            //设置比较寄存器的值,这里
                                            先暂时设置为 0,后面用
                                            TIM_OC3PreloadConfig
                                            修改
TIM_OCInitStructure.TIM_OCPolarity=TIM_OCPolarity_High;
                                            //通道输出极性,这里意味着
                                            当 CNT<TIMxCCRx 时,输出
                                            高电平
```

设置好频率后只需要更改占空比就能调节电动机转速，更改占空比需要更改比较寄存器的值，库函数提供了便于更改的函数，代码为：

```
void TIM_SetComparex(TIM_TypeDef * TIMx,uint16_t Comparex)
```

通用定时器有 4 个比较寄存器，根据原理图，使用比较寄存器 3 控制电动机 1，代码为

```
TIM_SetCompare3(MOTOR_PWM_TIM[this->motor],abs(pwm));
```

由两路输出控制一路电动机正反转，一路 PWM 控制电动机运转速度。通过设置比较寄存器 3 的值来控制 PWM 的占空比，当当前值小于设置值时输出低电平，当当前值大于比较值时输出高电平，从而实现了一个 PWM 波周期内对高低电平比例的控制，在程序的运行过程中，可以动态修改比较寄存器的值，从而使 PWM 的占空比动态可调，进而动态控制电动机转速。

6. 实验方案

1）PWM 输出控制电动机。使用定时器输出 PWM，按键设定 PWM 的占空比来控制电动机，驱动电动机的两条电源线中的一条接单片机普通 I/O 口，通过 I/O 口翻转电压控制电动机转向，一条接单片机的 PWM 输出端口，控制电动机转速。

2）通过设置定时器的编码器模式实现对电动机速度的采集，并将此信息通过串口上传到上位机，实现对电动机的速度显示。

7. 实验步骤

电动机驱动板提供了 4 路电动机专用口，可以同时驱动 4 路电动机。每个电动机接口上

都有丝印，如 M1、M2、M3 等，M1、M2 对应一个 TB6612 芯片，这里接入两个电动机，一个接入 M1，另一个接入 M3，位置如图 3-11 所示。

图 3-11　电动机连线

本机器人电动机驱动的程序依托于创新创客智能硬件平台的程序编写，使用前先复制 STM32F103 资料中板载模块目录下的 DCMotor 作为程序的工程模板。本程序实现以下功能：使能定时器通道输出 PWM 控制电动机转速、使能编码器获取电动机转速、使能串口规定串口波特率、实现与上位机的通信。

（1）控制电动机转速　首先要控制电动机的 I/O 口和定时器进行调用，电动机的初始化程序在"motor.cpp"文件中，同样需要在主函数中包括"motor.h"和"Motor：init()""Motor：Motor（Motor_TypeDef _motor，uint32_t _arr，uint32_t _psc）"初始化程序，其中，"_arr"参数是计数值，从 0 到设定值，然后返回至 0 重新开始计数；"_psc"参数是预分频系数，即决定一次计数的时间。

```
motor1=new Motor(MOTOR1,254,1439);
motor2=new Motor(MOTOR2,254,1439);
motor3=new Motor(MOTOR3,254,1439);
motor4=new Motor(MOTOR4,254,1439);

motor1 -> init();
motor2 -> init();
motor3 -> init();
motor4 -> init();

encoder_init(ENCODER1);
encoder_init(ENCODER2);
encoder_init(ENCODER3);
encoder_init(ENCODER4);
```

为了便于控制，控制 PWM 的寄存器值以输出占空比，在"motor.h"中使用宏定义来定义每个 I/O 口和寄存器接口，通过对这些寄存器和接口进行配置，就可以达到控制电动机的目的。

```
typedef enum {
    MOTOR1=0,
    MOTOR2=1,
    MOTOR3=2,
    MOTOR4=3,
    MOTOR_END=4
}Motor_TypeDef;

#define MOTORn                              4
#define UPTECH_MOTOR1_A_PIN         GPIO_Pin_4
#define UPTECH_MOTOR1_B_PIN         GPIO_Pin_5
#define UPTECH_MOTOR1_GPIO_PORTA    GPIOA
#define UPTECH_MOTOR1_GPIO_PORTB    GPIOA
#define UPTECH_MOTOR1_GPIO_CLK      RCC_APB2Periph_GPIOA

#define UPTECH_MOTOR1_PWM_PIN       GPIO_Pin_6
#define UPTECH_MOTOR1_PWM_PORT      GPIOA
#define UPTECH_MOTOR1_PWM_CLK       RCC_APB2Periph_GPIOA
#define UPTECH_MOTOR1_PWM_TIM       TIM3
#define UPTECH_MOTOR1_PWM_TIM_CLK   RCC_APB1Periph_TIM3

#define UPTECH_MOTOR2_A_PIN         GPIO_Pin_5
#define UPTECH_MOTOR2_B_PIN         GPIO_Pin_4
#define UPTECH_MOTOR2_GPIO_PORTA    GPIOC
#define UPTECH_MOTOR2_GPIO_PORTB    GPIOC
#define UPTECH_MOTOR2_GPIO_CLK      RCC_APB2Periph_GPIOC

#define UPTECH_MOTOR2_PWM_PIN       GPIO_Pin_7
#define UPTECH_MOTOR2_PWM_PORT      GPIOA
#define UPTECH_MOTOR2_PWM_CLK       RCC_APB2Periph_GPIOA
#define UPTECH_MOTOR2_PWM_TIM       TIM3
#define UPTECH_MOTOR2_PWM_TIM_CLK   RCC_APB1Periph_TIM3

#define UPTECH_MOTOR3_A_PIN         GPIO_Pin_6
#define UPTECH_MOTOR3_B_PIN         GPIO_Pin_7
#define UPTECH_MOTOR3_GPIO_PORTA    GPIOC
#define UPTECH_MOTOR3_GPIO_PORTB    GPIOC
#define UPTECH_MOTOR3_GPIO_CLK      RCC_APB2Periph_GPIOC
```

```
#define UPTECH_MOTOR3_PWM_PIN          GPIO_Pin_0
#define UPTECH_MOTOR3_PWM_PORT         GPIOB
#define UPTECH_MOTOR3_PWM_CLK          RCC_APB2Periph_GPIOB
#define UPTECH_MOTOR3_PWM_TIM          TIM3
#define UPTECH_MOTOR3_PWM_TIM_CLK      RCC_APB1Periph_TIM3

#define UPTECH_MOTOR4_A_PIN            GPIO_Pin_14
#define UPTECH_MOTOR4_B_PIN            GPIO_Pin_15
#define UPTECH_MOTOR4_GPIO_PORTA       GPIOB
#define UPTECH_MOTOR4_GPIO_PORTB       GPIOB
#define UPTECH_MOTOR4_GPIO_CLK         RCC_APB2Periph_GPIOB

#define UPTECH_MOTOR4_PWM_PIN          GPIO_Pin_1
#define UPTECH_MOTOR4_PWM_PORT         GPIOB
#define UPTECH_MOTOR4_PWM_CLK          RCC_APB2Periph_GPIOB
#define UPTECH_MOTOR4_PWM_TIM          TIM3
#define UPTECH_MOTOR4_PWM_TIM_CLK      RCC_APB1Periph_TIM3
```

```
typedef enum {
    ENCODER1=0,
    ENCODER2=1,
    ENCODER3=2,
    ENCODER4=3,
    ENCODER_END=4
}Encoder_TypeDef;
```

通过给 PWMx 赋值控制电动机转速，通过 Inx 的高低电平控制电动机方向。

```
while(1)
{
    delay(50);

    motor1 -> updateSpeed(en_pos1);
    motor2 -> updateSpeed(en_pos2);
    motor3 -> updateSpeed(en_pos3);
    motor4 -> updateSpeed(en_pos4);

    motor1 -> spin(120);
```

```
    motor2 -> spin(120);
    motor3 -> spin(120);
    motor4 -> spin(120);
}
```

（2）使能编码器获取电动机转速　编码器的初始化代码在"encoder.cpp"文件中，同样包括".h"文件，调用初始化函数，在调用之后即可调用函数 updateSpeed（）读取对应通道的编码器的值。编码器的值可通过计算得到规定的转速。

```
void Motor::updateSpeed(long encoder_ticks)
{
    //this function calculates the motor's RPM based on encoder ticks
    and delta time
    unsigned long current_time=millis();
    unsigned long dt=current_time-prev_update_time_;

    //convert the time from milliseconds to minutes
    double dtm=(double)dt/60000;
    double delta_ticks=encoder_ticks-prev_encoder_ticks_;

    //calculate wheel's speed(RPM)
    rpm=(delta_ticks/counts_per_rev_)/dtm;

    prev_update_time_=current_time;
    prev_encoder_ticks_=encoder_ticks;
}
```

将编码器的值通过串口在示波器软件上打印波形，如图 3-12 所示。

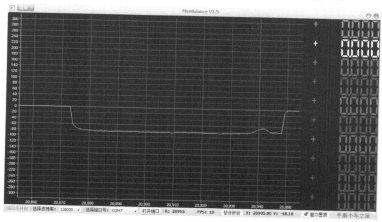

图 3-12　波形显示上位机结果

55

调用函数 spin( )，通过填入 −10000~10000 的参数可实现电动机的正反转调节。

```c
#include <stdio.h>
#include <ros.h>
#include <geometry_msgs/Twist.h>
#include "hardwareserial.h"
#include "motor.h"
#include "encoder.h"
#include "e18d80nk.h"
#include "sonar.h"
#include "mpu6050.h"
#include "servo.h"

#include <sensor_msgs/Range.h>
#include <riki_msgs/Infrared.h>
#include <riki_msgs/Imu.h>
#include <riki_msgs/Velocities.h>
#include <riki_msgs/Servo.h>
#include "pid.h"
#include "Kinematics.h"
#include "led.h"
#include "DataScope_DP.h"

#define vel_speed_train(amt,low,high) \
((amt)<(low)?(low):((amt)>(high)?(high):(amt)))

int Motor::counts_per_rev_=COUNTS_PER_REV;

Led * led;
Motor *motor1,*motor2,*motor3,*motor4;

PID motor1_pid(-255,255,K_P,K_I,K_D);
PID motor2_pid(-255,255,K_P,K_I,K_D);
PID motor3_pid(-255,255,K_P,K_I,K_D);
PID motor4_pid(-255,255,K_P,K_I,K_D);

bool accel,gyro,is_first=true;

void BSP_DebugUART_Init(uint32_t BaudRate);
```

```
#define UART_BAND 115200
HardwareSerial hUart=HardwareSerial(SERIAL3);

int main(void)
{

SystemInit();
initialise();

motor1=new Motor(MOTOR1,254,1439);
motor2=new Motor(MOTOR2,254,1439);
motor3=new Motor(MOTOR3,254,1439);
motor4=new Motor(MOTOR4,254,1439);
motor1->init();
motor2->init();
motor3->init();
motor4->init();
encoder_init(ENCODER1);
encoder_init(ENCODER2);
encoder_init(ENCODER3);
encoder_init(ENCODER4);

BSP_DebugUART_Init(128000);
int16_t spin=500;
int i=0;
while(1)
{
        delay(50);
        motor1->updateSpeed(en_pos1);
        motor2->updateSpeed(en_pos2);
        motor3->updateSpeed(en_pos3);
        motor4->updateSpeed(en_pos4);
        motor1->spin(200);
        motor2->spin(200);
        motor3->spin(200);
        motor4->spin(200);
        DataScope(motor1->rpm,motor2->rpm,motor3->rpm,motor4->rpm,0,
0,0,0);
```

```
        hUart.begin(128000);
        uint8_t ch;
        ch=hUart.read();          if(ch=='+')
    {
        spin++;
        if(spin>1000)
            spin=1000;
        if((spin<0) && (spin>-300))
            spin=300;
        motor1.spin(spin);
        hUart.print("Uptech 电动机当前值%d (范围-1000~+1000)\r\
n",spin);
    }
    else if(ch=='-')
    {
        spin--;
        if(spin<-1000)
            spin=-1000;
        if((spin>0) && (spin<300))
            spin=-300;
        motor1.spin(spin);
        hUart.print("Uptech 电动机当前值%d (范围-1000~+1000)\r\
n",spin);
    }
    delay(50);
    }
}
```

main() 函数中，首先初始化，然后进入 while 循环。在 while 循环中，每 50ms 读取一次串口，根据串口输入的+/−号对电动机进行调速，梯度为 1。根据实际测试，绝对值在 300 以内电动机几乎不转，让电动机长时间工作在这个电压范围内对电动机有损害，因此在代码中过滤了−300~300 的值。

（3）电动机调速代码 "motor.cpp" 代码如下。

```
#include "motor.h"
GPIO_TypeDef * MOTOR_MOTOR_PORTA[MOTORn]={UPTECH_MOTOR1_GPIO_PORTA,UP-
TECH_MOTOR2_GPIO_PORTA,UPTECH_MOTOR3_GPIO_PORTA,UPTECH_MOTOR4_GPIO_
PORTA};
```

```cpp
GPIO_TypeDef * MOTOR_MOTOR_PORTB[MOTORn]={UPTECH_MOTOR1_GPIO_PORTB,UP-
TECH_MOTOR2_GPIO_PORTB,UPTECH_MOTOR3_GPIO_PORTB,UPTECH_MOTOR4_GPIO_
PORTB};
GPIO_TypeDef * MOTOR_PWM_PORT[MOTORn]={UPTECH_MOTOR1_PWM_PORT,UPTECH
_MOTOR2_PWM_PORT,UPTECH_MOTOR3_PWM_PORT,UPTECH_MOTOR4_PWM_PORT};
TIM_TypeDef * MOTOR_PWM_TIM[MOTORn]={UPTECH_MOTOR1_PWM_TIM,UPTECH_MO-
TOR2_PWM_TIM,UPTECH_MOTOR3_PWM_TIM,UPTECH_MOTOR4_PWM_TIM};

const uint32_t  MOTOR_PORT_CLK[MOTORn]={UPTECH_MOTOR1_GPIO_CLK,
UPTECH_MOTOR2_GPIO_CLK,UPTECH_MOTOR3_GPIO_CLK,UPTECH_MOTOR4_GPIO_
CLK};
const uint32_t  MOTOR_PWM_PORT_CLK[MOTORn]={UPTECH_MOTOR1_PWM_CLK,
UPTECH_MOTOR2_PWM_CLK,UPTECH_MOTOR3_PWM_CLK,UPTECH_MOTOR4_PWM_CLK};
const uint32_t  MOTOR_PWM_TIM_CLK[MOTORn]={UPTECH_MOTOR1_PWM_TIM_
CLK,UPTECH_MOTOR2_PWM_TIM_CLK,UPTECH_MOTOR3_PWM_TIM_CLK,UPTECH_
MOTOR4_PWM_TIM_CLK};
const uint16_t  MOTOR_A_PIN[MOTORn]={UPTECH_MOTOR1_A_PIN,UPTECH_
MOTOR2_A_PIN,UPTECH_MOTOR3_A_PIN,UPTECH_MOTOR4_A_PIN};
const uint16_t  MOTOR_B_PIN[MOTORn]={UPTECH_MOTOR1_B_PIN,UPTECH_
MOTOR2_B_PIN,UPTECH_MOTOR3_B_PIN,UPTECH_MOTOR4_B_PIN};
const uint16_t  MOTOR_PWM_PIN[MOTORn]={UPTECH_MOTOR1_PWM_PIN,UPTECH_
MOTOR2_PWM_PIN,UPTECH_MOTOR3_PWM_PIN,UPTECH_MOTOR4_PWM_PIN};

Motor::Motor(Motor_TypeDef _motor,uint32_t _arr,uint32_t _psc)
{
    motor=_motor;
    arr=_arr;
    psc=_psc;
}


void Motor::init()
{
    GPIO_InitTypeDef GPIO_InitStructure;
    /* * init gpio  and  TIMx * */
    RCC_APB2PeriphClockCmd(MOTOR_PORT_CLK[this->motor] |MOTOR_PWM_
PORT_CLK[this->motor],ENABLE);
    /* * init motor gpio * */
```

```
    GPIO_InitStructure.GPIO_Pin      =  MOTOR_A_PIN[this->motor];
    GPIO_InitStructure.GPIO_Mode     =GPIO_Mode_Out_PP;
    GPIO_InitStructure.GPIO_Speed    =GPIO_Speed_50MHz;
    GPIO_Init(MOTOR_MOTOR_PORTA[this->motor],&GPIO_InitStructure);

    GPIO_InitStructure.GPIO_Pin      =  MOTOR_B_PIN[this->motor];
    GPIO_InitStructure.GPIO_Mode     =GPIO_Mode_Out_PP;
    GPIO_InitStructure.GPIO_Speed    =GPIO_Speed_50MHz;
    GPIO_Init(MOTOR_MOTOR_PORTB[this->motor],&GPIO_InitStructure);

    /* * init motor pwm gpio * */
    GPIO_InitStructure.GPIO_Pin      =MOTOR_PWM_PIN[this->motor];
    GPIO_InitStructure.GPIO_Mode     =GPIO_Mode_AF_PP;
    GPIO_InitStructure.GPIO_Speed    =GPIO_Speed_50MHz;
    GPIO_Init(MOTOR_PWM_PORT[this->motor],&GPIO_InitStructure);

    motor_pwm_init();
}

void Motor::motor_pwm_init()
{
    /*
        Motor motor1(MOTOR2,1000-1,72-1);
        计数器预分频值为72,计数器频率为1MHz
        定时器重装载值为1000,所以定时器周期为1ms,
        可以得到PWM频率为1000Hz
    */
    TIM_TimeBaseInitTypeDef TIM_BaseInitStructure;
    TIM_OCInitTypeDef   TIM_OCInitStructure;

    RCC_APB1PeriphClockCmd(MOTOR_PWM_TIM_CLK[this->motor],ENABLE);

    TIM_BaseInitStructure.TIM_Period       =this->arr;
                                        //定时器周期
    TIM_BaseInitStructure.TIM_Prescaler    =this->psc;
                                        //预分频值
    TIM_BaseInitStructure.TIM_ClockDivision =TIM_CKD_DIV1;
                                        //时钟分频
```

60

```
    TIM_BaseInitStructure.TIM_CounterMode        =TIM_CounterMode_Up;
                                        //计数方向
    TIM_BaseInitStructure.TIM_RepetitionCounter  =0;
                                        //重复计数器

    TIM_TimeBaseInit(MOTOR_PWM_TIM[this->motor],&TIM_BaseInitStruc-
ture);
                                        //初始化定时器

    TIM_OCInitStructure.TIM_OCMode=TIM_OCMode_PWM1;
                                        //选择模式 PWM1
    TIM_OCInitStructure.TIM_OutputState=TIM_OutputState_Enable;
                                        //开启 OC 输出到对应引脚
    TIM_OCInitStructure.TIM_Pulse=0;    //设置比较寄存器的值,这里
                                          先暂时设置为 0,后面用
                                          TIM_OC3PreloadConfig
                                          修改
    TIM_OCInitStructure.TIM_OCPolarity=TIM_OCPolarity_High;
                                        //通道输出极性,这里意味着
                                          当 CNT<TIMxCCRx 时,输出
                                          高电平

    if(this->motor==MOTOR1){
        TIM_OC1Init(MOTOR_PWM_TIM[this->motor],&TIM_OCInitStructure);
                                        //配置比较输出寄存器
        TIM_OC1PreloadConfig(MOTOR_PWM_TIM[this->motor],TIM_OCPreload_
Enable);
                                        // 比较寄存器预装载使能
}

    if(this->motor==MOTOR2) {
        TIM_OC2Init(MOTOR_PWM_TIM[this->motor],&TIM_OCInitStructure);
        TIM_OC2PreloadConfig(MOTOR_PWM_TIM[this->motor],TIM_OCPreload_
Enable);
    }

    if(this->motor==MOTOR3) {
        TIM_OC3Init(MOTOR_PWM_TIM[this->motor],&TIM_OCInitStructure);
        TIM_OC3PreloadConfig(MOTOR_PWM_TIM[this->motor],TIM_OCPreload_
Enable);
```

```
    }

  if(this->motor==MOTOR4) {
      TIM_OC4Init(MOTOR_PWM_TIM[this->motor],&TIM_OCInitStructure);
      TIM_OC4PreloadConfig(MOTOR_PWM_TIM[this->motor],TIM_OCPreload_
Enable);
  }
  TIM_ARRPreloadConfig(MOTOR_PWM_TIM[this->motor],ENABLE);
                                              //定时器预装载使能
  TIM_CtrlPWMOutputs(MOTOR_PWM_TIM[this->motor],ENABLE);
  TIM_Cmd(MOTOR_PWM_TIM[this->motor],ENABLE);
}

void Motor::spin(int pwm)
{
  if(pwm>0){                                    //正转
      GPIO_SetBits(MOTOR_MOTOR_PORTB[this->motor],MOTOR_B_PIN
[this->motor]);
      GPIO_ResetBits(MOTOR_MOTOR_PORTA[this->motor],MOTOR_A_PIN
[this->motor]);
  }else if(pwm<0) {                             //反转
      GPIO_SetBits(MOTOR_MOTOR_PORTA[this->motor],MOTOR_A_PIN
[this->motor]);
      GPIO_ResetBits(MOTOR_MOTOR_PORTB[this->motor],MOTOR_B_PIN
[this->motor]);
  }
  else{                                         //停止
      GPIO_ResetBits(MOTOR_MOTOR_PORTB[this->motor],MOTOR_B_PIN
[this->motor]);
      GPIO_ResetBits(MOTOR_MOTOR_PORTA[this->motor],MOTOR_A_PIN
[this->motor]);
  }
  if(this->motor==MOTOR1){
      TIM_SetCompare1(MOTOR_PWM_TIM[this->motor],abs(pwm));
  }
  if(this->motor==MOTOR2){
      TIM_SetCompare2(MOTOR_PWM_TIM[this->motor],abs(pwm));
  }
```

```
    if(this->motor==MOTOR3){
        TIM_SetCompare3(MOTOR_PWM_TIM[this->motor],abs(pwm));
    }
    if(this->motor==MOTOR4){
        TIM_SetCompare4(MOTOR_PWM_TIM[this->motor],abs(pwm));
    }
}
void Motor::updateSpeed(long encoder_ticks)
{
    //this function calculates the motor's RPM based on encoder ticks
and delta time
    unsigned long current_time=millis();
    unsigned long dt=current_time-prev_update_time_;

    //convert the time from milliseconds to minutes
    double dtm=(double)dt / 60000;
    double delta_ticks=encoder_ticks-prev_encoder_ticks_;

    //calculate wheel's speed (RPM)
    rpm=(delta_ticks / counts_per_rev_) / dtm;

    prev_update_time_=current_time;
    prev_encoder_ticks_=encoder_ticks;
}
```

　　移动机器人底盘有多个电动机，为了操作统一，可以通过数组下标直接进行定义和操作。代码逻辑是创建 motor 实例，然后调用 init 方法，进行 GPIO 的初始化工作，GPIO 初始化完毕再初始化 PWM 相关配置，最后提供一个 spin 方法，为应用提供操作接口，进而动态修改 TIM 的比较寄存器的值。

　　在 motor( ) 函数中，有这样一行代码：

```
Motor motor1(MOTOR2,1000-1,72-1);
```

其中，MOTOR2 为枚举类，值为 2，计数器预分频值为 72，计数器频率为 1MHz，定时器重装载值为 1000，所以定时器周期为 1ms，可以得到 PWM 频率为 1000Hz。再来看 motor 的构造函数：

```
Motor::Motor(Motor_TypeDef _motor,uint32_t _arr,uint32_t _psc)
{
```

```
motor = _motor;
arr = _arr;
psc = _psc;
}
```

通过构造函数可以看出，将 motor 的值转存到 Motor 类的 motor 中，后面有类似语句：

```
GPIO_InitStructure.GPIO_Pin    =MOTOR_PWM_PIN[this->motor];
```

这也就回溯到前面所述的统一操作，即操作数组的下标，不妨再回头看看数组的定义：

```
const uint16_t  MOTOR_PWM_PIN[MOTORn]={UPTECH_MOTOR1_PWM_PIN,UPTECH_
MOTOR2_PWM_PIN};
```

这个值就对应到"config. h"程序中的 GPA6。通过代码可以看出，所谓的驱动电动机，实际上是利用 STM32 控制 GPIOA 中的 4/5 脚输出高低电平实现电动机接口信号的高低电平转换，从而实现电动机输入脚两端高低电平的转换；利用 STM32 控制 TIM 的比较寄存器，从而控制 GPIOA 中的 6 脚输出高低电平，通过修改这个寄存器的值生成动态可调节的方波，驱动芯片根据方波的信号输出对应的电动机驱动方波，电动机的运转表现为输入的平均电压。

3.3.2　实验二：电动机控制

1. 实验描述

在底层运动控制器中，电动机的转速控制是非常重要的部分。本机器人的电动机转速控制是基于 PID 控制。PID 控制具有很好的工程性，不需要具体的模型，容易实现，应用非常广泛。本实验通过位置式 PID 和增量式 PID 分别实现对电动机的位置和转速控制。

2. 实验目的
- 掌握单片机通用 I/O 口的使用。
- 掌握单片机定时器产生占空比可调的 PWM。
- 掌握单片机定时器的编码器功能，实现对电机转速的测量。

3. 实验环境
- 硬件：捡乒乓球机器人、STLink、MicroUSB 串口线、PC。
- 软件：Keil MDK520、串口调试助手、波形显示上位机。

4. 实验内容
- 了解 STM32 基于标准库的开发流程。
- 通过定时器来调节占空比。
- 实现电动机的 PID 控制。

5. 实验原理

（1）PID 控制器　偏差的比例（Proportion）、积分（Integral）和微分（Differential）通

过线性组合构成控制量，用这一控制量对被控对象进行控制，这样的控制器称为 PID 控制器，PID 控制器结构框图如图 3-13 所示。

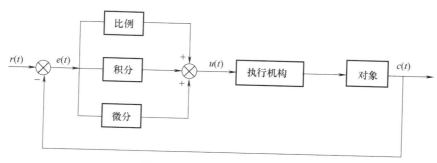

图 3-13　PID 控制器结构框图

PID 控制又分为模拟 PID 控制和数字 PID 控制。其中，数字 PID 控制又分为位置式 PID 算法和增量式 PID 算法。

1）位置式 PID 控制器为

$$u(k) = K_{\mathrm{P}}e(k) + K_{\mathrm{I}}\sum_{i=0} e(i) + K_{\mathrm{D}}[e(k) - e(k-1)]　\qquad (3-1)$$

式中，k 为采样序号；$u(k)$ 为第 k 次采样时刻的计算机输出值；$e(k)$ 为第 k 次采样时刻输入的偏差值；$e(k-1)$ 为第 $(k-1)$ 次采样时刻输入的偏差值；K_{P} 为比例系数；K_{I} 为积分系数；K_{D} 为微分系数。由于计算机输出的 $u(k)$ 可直接控制执行机构，$u(k)$ 的值和执行机构的位置是一一对应的，因此通常称该公式为位置式 PID 控制算法。

位置式 PID 的优点是位置式 PID 比例部分只与当前的偏差 $e(k)$ 有关，积分部分表示系统之前的所有偏差之和，因此位置式 PID 控制算法的优点在于其控制器结构比较清晰，参数的整定也较为明确。但是由于位置式 PID 是全量输出，因此每次的输出均与过去状态有关，计算时要进行累加，而且计算机输出的是执行机构的实际位置，如果计算机出现故障，输出将大幅度变化，会引起执行机构的大幅度变化，有可能因此造成严重的生产事故，这在实际生产中是不允许的。

2）增量式 PID 控制器：所谓增量式 PID，是指数字控制器的输出只是控制量的增量 $\Delta u(k)$。当执行机构需要的控制量是增量，而不是位置量的绝对数值时，可以使用增量式 PID 控制算法进行控制，控制器表达式为

$$\Delta u(k) = K_{\mathrm{P}}[e(k)-e(k-1)]+K_{\mathrm{I}}e(k)+K_{\mathrm{D}}[e(k)-2e(k-1)+e(k-2)]　\qquad (3-2)$$

增量式 PID 的优点是算法采用加权处理，而不需要累加，控制增量 $\Delta u(k)$ 仅与最近 3 次的采样值有关，计算机每次只会输出控制增量 $\Delta u(k)$，即执行机构的位置变化量，因此计算机发生故障的概率较小；手动切换和自动切换时的冲击小，可以做到无扰动切换。缺点是积分截断效应大，会产生静态误差。

（2）PID 算法参数

1）比例环节：PID 控制器中，比例环节的作用是对偏差瞬间做出反应。偏差一旦产生，控制器立即产生控制作用，使控制量向减少偏差的方向变化。控制作用的强弱取决于比例系数，比例系数越大，控制作用越强，则过渡过程越短，控制过程的静态偏差也就越小；但是比例系数越大，也越容易产生振荡，破坏系统的稳定性。故而，比例系数 K_{P} 选择必须恰当，

才能得到过渡时间少、静差小而又稳定的效果。

2）积分环节：可以消除静态误差，但也会降低系统的响应速度，增加系统的超调量。积分常数越大，积分的积累作用越弱，这时系统在过渡时不会产生振荡；但是增大积分常数会减慢静态误差的消除过程，消除偏差所需的时间也较长，但可以减少超调量，提高系统的稳定性。当 T_I 较小时，积分的作用较强，这时系统过渡过程中有可能产生振荡，不过消除偏差所需的时间较短。所以必须根据实际控制的具体要求来确定 T_I。

3）微分环节：微分环节的作用是阻止偏差的变化。它根据偏差的变化趋势（变化速度）进行控制，偏差变化得越快，微分控制器的输出就越大，并能在偏差值变大之前进行修正。微分作用的引入，将有助于减小超调量，克服振荡，使系统趋于稳定，特别对高阶系统非常有利，可以提高系统的跟踪速度。微分部分的作用由微分时间常数 T_D 决定。T_D 越大时，抑制偏差变化的作用越强；T_D 越小时，反抗偏差变化的作用越弱。微分部分显然对系统稳定起到很大的作用。

6. 实验方案

本实验采用电动机速度的闭环控制。速度闭环控制就是根据单位时间获取的脉冲数测量电动机的速度信息，并与目标值进行比较，得到控制偏差，然后通过对偏差的比例、积分、微分进行控制，使偏差趋向于零。

7. 实验步骤

要对电动机进行精确控制，就必须有反馈信息，这里使用带编码器的电动机来进行实验，因此读取编码器数据是必备的条件，接下来介绍如何接线。如图 3-14 所示，电动机绿线接 PA1，黄线接 PA0，黑线接 GND，蓝线接 VCC（板子上的 3.3V 或 5V 接口都可以），红线接 M8，白线接 M7。

图 3-14　电动机连接图

1）增量式 PID 程序控制电动机的速度信息，只使用 PI 控制即可实现对电动机的速度控制。增量式 PID 函数的入口参数为编码器的速度测量值和速度控制的目标值，返回值为电动机控制 PWM。

```cpp
double PID::compute(float setpoint,float measured_value)
{
```

```
    //setpoint is constrained between min and max to prevent pid from
having too much error
    this->error=setpoint-measured_value;
    this->integral_ +=this->error;
    this->derivative_=this->error-this->prev_error_;

    if(setpoint==0 && this->error==0){
        this->integral_=0;
    }
    prev_error_=this->error;
    pid=kp_ * this->error + ki_ * this->integral_ + kd_ * this->deriva-
tive_;
    return constrain(pid,min_val_,max_val_);
}

void PID::updateConstants(float kp,float ki,float kd)
{
    kp_=kp;
    ki_=ki;
    kd_=kd;
}
```

首先需要对内部变量进行定义，接着求出速度偏差量，由测量值减去目标值，再使用增量式 PI 控制器求出电动机 PWM，增量式 PID 只需对输出进行限幅即可，并保存上一次偏差，便于下次调用。最后需要在定时器中断中调用该函数对 PWM 的占空比进行更新，以达到对转速的控制。

2）在主函数中进行调用，并将 PID 得到的值填入 PWM 的设置函数中，达到控制电动机转速的目的。

```
PID::PID(float min_val,float max_val,float kp,float ki,float kd)
{
    min_val_=min_val;
    max_val_=max_val;
    kp_=kp;
    ki_=ki;
    kd_=kd;
}
```

在这里主要控制 m2 电动机的转速，可以看到输入参数"encoder_b"为实际的转速，设定转速值为 50。此时再打开示波器，可以看到电动机稳定在设定转速，如图 3-15 所示。

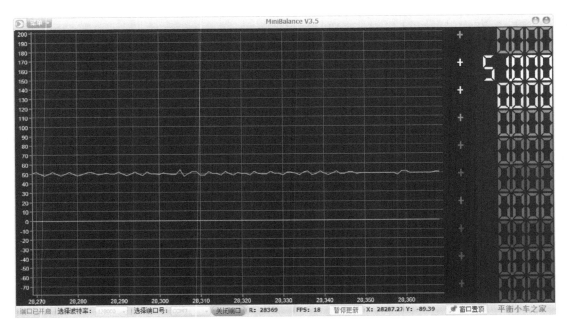

图 3-15　波形显示上位机结果

3）在实际的调试过程中，为了使调试效果更好，需要对 PID 的控制参数进行调节，PID 的参数在 "PID.cpp" 文件中。

```cpp
class PID
{
    public:
        PID(float min_val,float max_val,float kp,float ki,float kd);
        double compute(float setpoint,float measured_value);
        void updateConstants(float kp,float ki,float kd);
            double error;
        double pid;
        double integral_;
        double derivative_;

    private:
        float min_val_;
        float max_val_;
        float kp_;
        float ki_;
```

```
        float kd_;
        double prev_error_;
};

motor1->spin(motor1_pid.compute(100,motor1->rpm));
motor2->spin(motor2_pid.compute(100,motor2->rpm));
motor3->spin(motor3_pid.compute(100,motor3->rpm));
motor4->spin(motor4_pid.compute(100,motor4->rpm));
DataScope(motor1->rpm,motor2->rpm,motor3->rpm,motor4->rpm,0,0,0,0);
```

　　增量式 PID 实验结果如图 3-16 所示，带波动的曲线表示实际速度线，近似方波曲线表示设定速度，可以看到改变设定速度，实际速度也会随之更改，且可以较快地达到设定的速度。

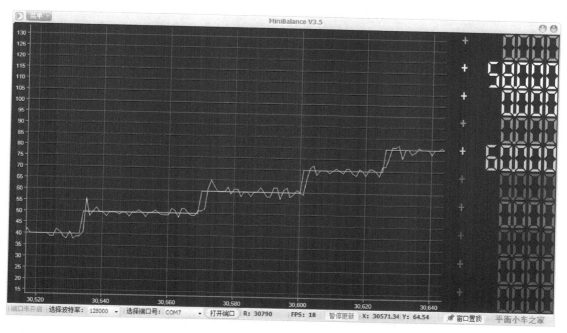

图 3-16　增量式 PID 实验结果

　　死区波形示意如图 3-17 所示，在转速为 10~20 时电动机的实际转速不能实时跟随设定转速，这表明电动机的驱动存在着死区。

　　调速上限波形示意如图 3-18 所示，在设定转速高于 90 时，电动机很难达到设定转速，这表明电动机的调速范围存在上限。

　　结论：在合适的范围内，PID 控制算法可以使电动机实时跟随设定转速变化，实时性较强，超调量较小，但电动机的控制存在着死区和上限，在实际的控制中，要对电动机的控制进行限制。

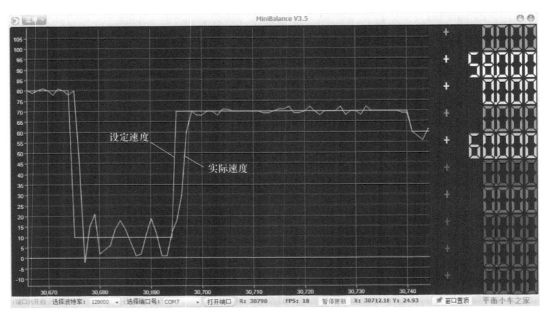

图 3-17　死区波形示意

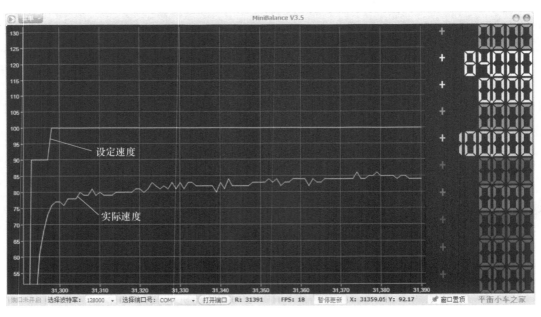

图 3-18　调速上限波形示意

3.3.3　实验三：底盘控制

1. 实验描述

在底层运动控制器中，使用的车轮为可以全向移动的麦克纳姆轮，这种车轮不仅可以完成前后移动、原地旋转、转弯等，还可以完成水平平移、斜线平移等操作。

2. 实验目的
- 熟练掌握麦克纳姆轮移动的原理。
- 使用蓝牙控制移动机器人完成全向移动。
- 调节 PID 使移动机器人保持直线行驶。

3. 实验环境
- 硬件：捡乒乓球机器人、STLink、MicroUSB 串口线、PC。
- 软件：Keil MDK520、串口调试助手、蓝牙 App、波形显示上位机。

4. 实验内容
- 了解 STM32 基于标准库的开发流程。
- 控制小车全向移动。
- 掌握小车底盘的遥控控制。

5. 实验原理

麦克纳姆轮是瑞典麦克纳姆公司的专利产品。基于其特殊的设计和运动方式，装备了麦克纳姆轮的机器人或车辆能够实现全方位移动。这种车轮由一系列倾斜安装的滚子组成，滚子沿轮周排列。当车轮旋转时，滚子与地面接触，产生向前的推力。车轮的倾斜角度决定了推力的方向，水平滚子产生正向或反向推力，而倾斜滚子产生横向推力。通过控制各个车轮的旋转方向和速度，可以实现麦克纳姆轮的多向移动。具体来说，当所有 4 个车轮以相同的速度和方向旋转时，装备麦克纳姆轮的物体将向前或向后移动。而当两侧的车轮以相反的速度旋转时，装备麦克纳姆轮的物体将朝一侧横向移动。这种设计使物体不仅可以在平面上进行前进、后退、左右移动和旋转等多种运动方式，而且可以在狭窄的空间内进行复杂的运动，从而提高了物体的灵活性和适应性。

如图 3-19 所示，以 O—长方形的安装方式为例，4 个车轮的着地点形成一个矩形。利用正运动学模型将得到一系列公式，可以通过 4 个车轮的速度计算出底盘的运动状态；而利用逆运动学模型得到的公式，则可以根据底盘的运动状态解算出 4 个车轮的速度。需要注意的是，底盘的运动可以用 3 个独立变量来描述：x 轴平动、y 轴平动、绕轴自转；而 4 个车轮的速度也是由 4 个独立的电动机提供的。所以 4 个车轮的合理速度是存在某种约束关系的，逆运动学可以得到唯一解，而正运动学中不符合这个约束关系的方程将无解。

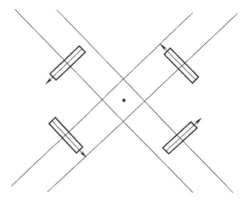

图 3-19　麦克纳姆轮 O—长方形的安装方式

先试图构建逆运动学模型，由于麦克纳姆轮底盘的数学模型比较复杂，在此分 4 步进行：①将底盘的运动分解为 3 个独立变量来描述；②根据第①步的结果，计算出每个车轮轴心位置的速度；③根据第②步的结果，计算出每个车轮与地面接触的滚子的速度；④根据第③步的结果，计算出车轮的真实转速。

（1）底盘运动的分解　如图 3-20 所示，底盘的运动可以分解为 3 个量：v_{t_x} 表示 x 轴运动的速度，即左右方向运动，定义向右为正；v_{t_y} 表示 y 轴运动的速度，即前后方向运动，定义向前为正；$\vec{\omega}$ 表示绕轴自转的角速度，定义逆时针方向为正。以上 3 个量一般都视为 4 个轮子的几何中心（矩形的对角线交点）的速度。

（2）计算出车轮轴心位置的速度　如图 3-21 所示，$\vec{r}$ 为从几何中心指向车轮轴心的矢量；$\vec{v}$ 为车轮轴心的运动速度矢量；$\vec{v}_r$ 为车轮轴心沿垂直于 $\vec{r}$ 的方向（即切线方向）的速度分量。

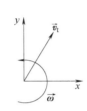

图 3-20　底盘运动坐标系

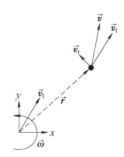

图 3-21　单轮子轴心速度分解

那么可以计算出

$$\vec{v} = \vec{v}_t + \vec{\omega} \times \vec{r} \tag{3-3}$$

分别计算 x、y 轴的分量为

$$\begin{cases} v_x = v_{t_x} - \omega \cdot r_y \\ v_y = v_{t_y} + \omega \cdot r_x \end{cases} \tag{3-4}$$

同理可以算出其他 3 个车轮轴心的速度，如图 3-22 所示。

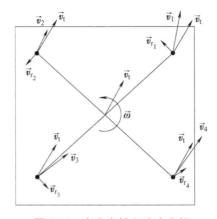

图 3-22　全底盘轴心速度分解

（3）计算车轮的速度　如图 3-23 所示，根据车轮轴心的速度，可以分解出沿车轮方向的速度$\vec{v}_{\parallel}$和垂直于轮子方向的速度$\vec{v}_{\perp}$。

$\vec{v}_{\perp}$是可以无视的，而

$$\vec{v}_{\parallel} = \vec{v} \cdot \hat{u} = (v_x\hat{i} + v_y\hat{j}) \cdot \left(-\frac{1}{\sqrt{2}}\hat{i} + \frac{1}{\sqrt{2}}\hat{j}\right) = -\frac{1}{\sqrt{2}}v_x + \frac{1}{\sqrt{2}}v_y \tag{3-5}$$

式中，$\hat{u}$ 是沿车轮方向的单位矢量。

（4）计算车轮的转速　从车轮速度到车轮转速的计算式为

$$v_\omega = \frac{v_{\parallel}}{\cos 45°} = \sqrt{2}\left(-\frac{1}{\sqrt{2}}v_x + \frac{1}{\sqrt{2}}v_y\right) = -v_x + v_y \tag{3-6}$$

车轮转速分解如图 3-24 所示。

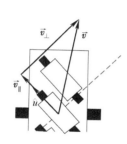

图 3-23　车轮轴心速度分解

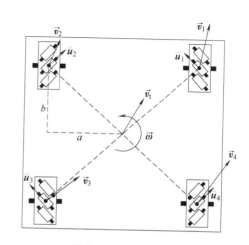

图 3-24　车轮转速分解

根据图 3-24 所示的 a 和 b 的定义，有

$$\begin{cases} v_x = v_{t_x} + \omega b \\ v_y = v_{t_y} - \omega a \end{cases} \tag{3-7}$$

结合以上 4 个步骤，可以根据底盘运动状态解算出 4 个车轮的转速，即

$$v_{\omega_1} = v_{t_y} - v_{t_x} + \omega(a+b) \tag{3-8}$$

$$v_{\omega_2} = v_{t_y} + v_{t_x} - \omega(a+b) \tag{3-9}$$

$$v_{\omega_3} = v_{t_y} - v_{t_x} - \omega(a+b) \tag{3-10}$$

$$v_{\omega_4} = v_{t_y} + v_{t_x} + \omega(a+b) \tag{3-11}$$

以上方程组就是 O-长方形麦克纳姆轮底盘的逆运动学模型，而正运动学模型可以直接根据逆运动学模型中的 3 个方程解出来。

6. 实验方案

使用程序实现移动机器人的逆运动学分析，并使用蓝牙 App 控制小车实现全向移动。

7. 实验步骤

1）利用逆运动学分析函数 getRPM( ) 建立逆运动学分析方程。函数输入参数为 x、y、z 坐标，输出参数为电动机的目标转速。

```
Kinematics::rpm Kinematics::getRPM(float linear_x,float linear_y,
float angular_z)
{
    Kinematics::rpm rpm;
    rpm=calculateRPM(linear_x,linear_y,angular_z);
    return rpm;
}
```

2）主函数编写。使用遥控为设定的 x 轴、y 轴、z 轴的位移量赋值。由于这里定义步长 step 为 5，使用相加减的方式进行赋值，因此规定速度的最大值进行限幅。

```
switch(Flag_Direction)                                              //方向控制
{
    case 1:  Move_X=0;        Move_Y+=step;    Move_Z=0;        break;
    case 2:  Move_X=0;        Move_Y=0;        Move_Z+=step;    break;
    case 3:  Move_X+=step;    Move_Y=0;        Move_Z=0;        break;
    case 4:  Move_X+=step;    Move_Y-=step;    Move_Z=0;        break;
    case 5:  Move_X=0;        Move_Y-=step;    Move_Z=0;        break;
    case 6:  Move_X-=step;    Move_Y-=step;    Move_Z=0;        break;
    case 7:  Move_X-=step;    Move_Y=0;        Move_Z=0;        break;
    case 8:  Move_X=0;        Move_Y=0;        Move_Z-=step;    break;
    case 10:     break;
    case 11:     break;
    default:     Move_X=0;        Move_Y=0;        Move_Z=0;        break;
}
if(Move_X<-RC_Velocity)        Move_X=-RC_Velocity;        //速度控制限幅
if(Move_X>RC_Velocity)         Move_X=RC_Velocity;
if(Move_Y<-RC_Velocity)        Move_Y=-RC_Velocity;
if(Move_Y>RC_Velocity)         Move_Y=RC_Velocity;
if(Move_Z<-RC_Velocity*3.59)   Move_Z=-RC_Velocity*3.59;
if(Move_Z>RC_Velocity*3.59)    Move_Z=RC_Velocity*3.59;
```

将遥控的 3 个轴的设定值作为运动学分析的输入，将输出的 4 个设定值作为 PID 算法的输入，计算得到调节值，并输出相对应的 PWM 控制电动机。

```
Kinematics::rpm req_rpm=Kinematics.getRPM(Move_X,Move_Y,Move_Z);
motor1->updateSpeed(en_pos1);
motor2->updateSpeed(en_pos2);
motor3->updateSpeed(en_pos3);
```

```
motor4->updateSpeed(en_pos4);

motor1->spin(motor1_pid.compute(req_rpm.motor1,motor1->rpm));
motor2->spin(motor2_pid.compute(req_rpm.motor2,motor2->rpm));
motor3->spin(motor3_pid.compute(req_rpm.motor3,motor3->rpm));
motor4->spin(motor4_pid.compute(req_rpm.motor4,motor4->rpm));
```

　　通过手机遥控控制，可以看到当前进时电动机快速响应，并且稳定在设定速度 50 左右，误差较小，当停止和后退时，电动机也能及时跟随设定速度，达到 PID 调节的目的，并能实现电动机各方位的移动。

第4章 机器人视觉系统设计与实践

4.1 图像处理知识

在图像处理中，图像质量的好坏直接影响图像识别算法的设计和图像识别效果的精度。因此在进行图像分析前，对图像进行预处理是非常必要的。图像预处理的主要目的是消除图像中的无关信息，增强图像中的有用信息。在进行特征提取、图像分割、匹配和识别等任务前，通过进行图像的预处理来增强有关信息的可检测性，最大限度地简化数据，得到更好的结果。

4.1.1 图像的基础知识

一幅图像可以定义为一个二维函数 $f(x, y)$，这里的 x 和 y 是空间坐标，而在任意坐标 (x, y) 处的幅值 f 被称为这一坐标位置的亮度或灰度。RGB 是一种常用的彩色信息表达方式，形成一幅 RGB 彩色模型的 3 幅图像通常被称为红、绿、蓝分量图像。在 RGB 彩色模型中表示图像的每个像素点由 3 个分量组成，即 (R, G, B) 三元组，分量的幅值用于表示每个像素的像素深度。如果一幅 RGB 图像的数据类型是 8 位无符号整数（uint8），每个图像都是 8 比特的图像，那么对应的 RGB 图像的深度就是 24 比特。灰度图像又称为单通道图，灰度图像的矩阵元素的取值范围通常为 $[0, 255]$。因此其数据类型一般为 8 位无符号整数（uint8），这就是人们常提到的 256 灰度图像，"0" 表示纯黑色，"255" 表示纯白色，中间的数字从小到大表示由黑到白的过渡色。

4.1.2 灰度化

彩色图像灰度化的常用方法有分量法、最大值最小值平均法、平均值法及加权平均法。

1) 分量法：将彩色图像中的 3 分量的幅值 (R, G, B) 作为灰度图像的灰度值，可根据需要选取一种灰度图像，可表示为

$$f_1(x, y) = R(x, y), f_2(x, y) = G(x, y), f_3(x, y) = B(x, y) \tag{4-1}$$

2) 最大值最小值平均法：将彩色图像中 3 分量的幅值最大和最小的平均值作为灰度图像灰度的幅值，可表示为

$$f(x, y) = \frac{1}{2}\max(R(x, y), G(x, y), B(x, y)) + \frac{1}{2}\min(R(x, y), G(x, y), B(x, y)) \tag{4-2}$$

3) 平均值法：将彩色图像的 3 分量的平均值作为灰度图像的灰度值，可表示为

$$f(x,y) = \frac{1}{3}R(x,y) + \frac{1}{3}G(x,y) + \frac{1}{3}B(x,y) \tag{4-3}$$

4）加权平均法：将彩色图像的 3 分量通过不同的加权系数 r、g、b 进行加权平均，但应该满足加权系数和为 1，即避免图像灰度的溢出，满足 $r+g+b=1$，可表示为

$$f(x,y) = rR(x,y) + gG(x,y) + bB(x,y) \tag{4-4}$$

4.1.3　图像滤波

图像滤波的常用方法有均值滤波、中值滤波、最大值最小值滤波、高斯滤波等。

1）均值滤波：均值滤波是图像处理的一种常用滤波方式，从频域观点来看均值滤波是一种低通滤波器，高频信号将会被去除，因此均值滤波可以消除图像尖锐噪声，实现图像平滑、模糊等功能。均值滤波就是用每个像素和它周围像素的平均值替代图像中的像素。

2）中值滤波：中值滤波是消除图像噪声效果较好的一种方法，特别是对脉冲噪声滤波效果较好，均值滤波是将窗口中的元素的灰度幅值进行排序，选取中间值代替图像像素的灰度值，与均值滤波有相同之处，不同之处是均值滤波是取 9 个像素幅值的平均值。

3）最大值最小值滤波：与中值滤波相比，首先要排序窗口中的像素值，然后对中心像素值和最大、最小像素值进行比较。若中心像素值比最小值小，则将最小值赋值给中心像素值；若中心像素值比最大值大，则将最大值赋值给中心像素值。

4）高斯滤波：高斯滤波也属于均值滤波方法，即对整幅图像进行加权平均。用一个模板（或称卷积、掩模、窗口）扫描图像中的每一个像素，用模板确定的邻域内像素的加权平均灰度值去替代模板中心像素点的值。高斯分布曲线是一种钟形曲线，越接近中心，取值越大，越远离中心，取值越小。

4.1.4　二值图像

二值图像（Binary Image）是数字图像处理中的一个重要概念，它指的是图像上的每一个像素只有两种可能的取值或灰度等级状态，通常用黑白图像来表示二值图像。具体来说，二值图像中的任何像素点的灰度值均为 0 或 255，分别代表黑色和白色。

虽然二值图像也可以用来表示每个像素只有一个采样值的任何图像（如灰度图像），但二者在本质上是不同的。灰度图像包含更多的灰度等级（通常是 0~255），能够表现丰富的图像细节和纹理特征；而二值图像则只能表现简单的黑白两种颜色，适用于需要简化图像或突出特定特征的场合。

彩色图像经过灰度化后得到灰度图像，对灰度图像进行二值化便得到了二值图像。二值化通常使用的方法如下：

当 $f(x,y) \geqslant T$ 时，$f(x,y) = 1$。

当 $f(x,y) < T$ 时，$f(x,y) = 0$。

4.1.5　腐蚀和膨胀

图像腐蚀和膨胀是数字图像处理中两种基本的形态学操作，它们在图像分析、计算机视觉及模式识别等领域有着广泛的应用。图像腐蚀是通过滑动一个结构元素（可以是任意形状和大小）在图像上进行操作，对于图像中的每一个像素点，腐蚀操作检查该像素点及其

邻域是否被结构元素完全覆盖。如果是，则保留该像素点（通常设为白色或高亮）；如果不是，则将该像素点删除（设为黑色或背景色）。因此，腐蚀操作会使图像中的高亮区域（即前景）缩小，类似于物体被"腐蚀"掉一层。膨胀操作同样使用结构元素在图像上滑动。对于图像中的每一个像素点，膨胀操作检查该像素点是否至少与结构元素的一个元素重叠。如果是，则将该像素点设为高亮（白色）；否则保持原样（黑色或背景色）。因此，膨胀操作会使图像中的高亮区域向外扩展，类似于物体"膨胀"了一圈。

膨胀：集合 A 被集合 B 膨胀，表示为 $A \oplus B$，其定义为

$$A \oplus B = \left[A^c \ominus (-B) \right]^c \tag{4-5}$$

式中，A^c 表示集合 A 的补集；$-B$ 表示集合 B 关于坐标原点的反射映像（对称集）。让位于图像原点的结构 B 在 A 上面移动，当移动至某一点时，B 相对于其自身的原点的反射映像 $-B$ 有公共的交集，就是至少有一个像素是重叠的，这样的点的集合就是 B 对 A 的膨胀图像。

腐蚀：集合 A 被集合 B 腐蚀，表示为 $A \ominus B$，其定义为

$$A \ominus B = \left\{ x : B + x \subset A \right\} \tag{4-6}$$

式中，集合 A 称为输入图像；集合 B 称为结构元素。简单来说就是让 B 在整个 A 图像平面移动，当 B 移动到某一点时，B 可以完全包括在 A 中，这样所有的点构成的集合，即为 B 对 A 的腐蚀。

4.1.6 边缘检测

图像边缘检测是图像处理与计算机视觉中的一个重要技术，其目的是识别出图像中亮度变化剧烈的像素点集合，这些像素点通常构成了图像的边缘。边缘检测对于图像分析、物体分割、目标定位等任务具有重要意义，因为它能够显著减少图像数据量，同时保留图像的重要结构信息。边缘检测主要基于图像灰度值的不连续性，即图像中亮度变化明显的区域。这种变化可以通过求导来检测，因为导数在边缘位置会取得极大值或极小值。在数字图像处理中，通常使用差分来近似导数，从而实现边缘检测。边缘检测的方法多种多样，大致可以分为基于搜索的方法和基于零交叉的方法两大类。以下是一些常见的边缘检测算子或算法。

1）Roberts 算子是一种利用局部差分寻找边缘的算子，它使用 2×2 的卷积核来计算梯度。Roberts 算子对边缘定位较准，但对噪声非常敏感。Roberts 边缘检测算子如图 4-1 所示。

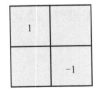 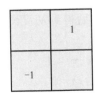

图 4-1 Roberts 边缘检测算子

2）Sobel 算子是一种一阶微分算子，它利用像素邻近区域的梯度值来计算中心像素的梯度，并根据梯度幅值来判断边缘。Sobel 算子对噪声具有一定的平滑作用，但边缘定位精度不是很高。Sobel 边缘检测算子如图 4-2 所示。

图 4-2　Sobel 边缘检测算子

3）Prewitt 算子也是一种基于梯度的边缘检测算子，与 Sobel 算子类似，但它在计算梯度时采用的是不同的卷积核。Prewitt 算子对噪声的平滑作用较弱，但边缘检测效果较为明显。Prewitt 边缘检测算子如图 4-3 所示。

图 4-3　Prewitt 边缘检测算子

4）Canny 算法是对 Sobel、Prewitt 等算子效果的进一步细化和更加准确的定位。首先对 x 和 y 方向上求一阶导数，然后将它们组合成四个方向的导数。其中，方向导数是局部最大值的点是组成边缘的候选项。Canny 算法最明显的创新点就是将单个的边缘候选像素加入轮廓。

4.2　机器人视觉系统设计实例分析

4.2.1　机器人视觉系统的整体设计

捡乒乓球机器人能够通过摄像头识别并锁定乒乓球的位置，本节主要搭建视觉系统的硬件实验平台和软件环境，并进行视觉系统的程序设计。硬件实验平台以 Jetson Nano 为主控模块，搭配其他模块共同组成捡乒乓球机器视觉系统的硬件平台。软件环境主要包括 PC 端的软件环境和基于 Jetson Nano 的软件环境，以及所配置的 ROS 系统，最后使用 Python 语言对视觉系统的程序进行设计和编写。

4.2.2　视觉系统的硬件设计

在确定系统体系架构和设计方案的基础上，设计针对乒乓球进行识别和定位的视觉系统，对多个不同硬件进行评估和选择，最终搭建完成硬件平台，视觉系统的硬件结构设计如图 4-4 所示。本实验设计的机器人视觉系统主要有主控模块、摄像头模块、显示模块及电源模块。

（1）主控模块　该模块是整个硬件系统的核心模块，需要对采集到的乒乓球图像进行集中处理，同时又要与其他模块进行数据交互，并为其他模块提供电源。

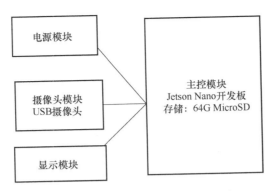

图 4-4　系统视觉系统硬件结构设计

本实验的视觉系统选用 Jetson Nano 开发板作为主控模块。NVIDIA Jetson Nano 是一款体积小巧、功能强大的人工智能嵌入式开发板，于 2019 年 3 月由英伟达推出。预装 Ubuntu 18.04LTS 系统，NVIDIA Jetson Nano Developer Kit 的核心配置如下。

1）CPU：四核 ARM Cortex-A57 MPCore 处理器。

2）GPU：NVIDIA Maxwell w/128 NVIDIA CUDA 核心。

3）内存：4GB 64 位 LPDDR4。

4）显卡：HDMI 和 DisplayPort 输出。

5）USB：4 个 USB 3 端口。

6）I/O：I2C、SPI、UART 以及与 Raspberry Pi 兼容的 GPIO 接头。

可以看到 Jetson Nano 开发板具有强大的扩展性，并且其操作系统可以自行下载和烧录。在编程语言方面，Jetson Nano 开发板的操作系统能够完美支持当前用于深度学习领域的 Python 语言，同时还支持 Java、C 等多种常用的编程语言。

（2）摄像头模块　该模块作为整个硬件系统的乒乓球图像数据输入端，需要对乒乓球进行拍照并将原始的图像数据输入主控模块以做进一步处理。本实验选择 1080p USB 高清摄像头作为拍照模块，可以通过 Jetson Nano 开发板集成的 USB 接口进行连接，兼容性十分优良。摄像头模块通过 USB 接口连接，在实际应用中，负责对乒乓球图像进行采集，并将图像数据作为输入数据。输入的图像数据在主控模块中进行乒乓球图像预处理、目标识别和定位检测，并在显示模块上显示系统的运行信息和实验结果。

（3）显示模块　该模块是整个硬件系统的显示端，不仅显示乒乓球目标识别和定位检测的结果，还可以显示系统运行的实时信息。

（4）电源模块　该模块作为整个硬件系统的供电端，需要为捡乒乓球机器视觉系统的主控模块供电。通过电源模块上的开关，能够随时控制主控模块中电流的通断。

4.2.3　目标检测算法设计

目标检测是模式识别问题中的一种，是计算机视觉领域中的一个重要研究方向，是解决分割、场景理解、目标跟踪、图像描述和事件检测等更高层次视觉任务的基础。

目标检测有两种实现算法，一种是一阶段检测算法，另一种是二阶段检测算法，它们的区别如图 4-5 所示。

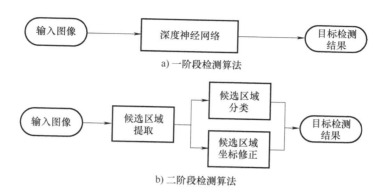

a) 一阶段检测算法

b) 二阶段检测算法

图 4-5　两种实现算法的区别

　　针对算法的实时需求，本实验采用 YOLOv5 算法。YOLOv5 是当前比较先进的算法，可以灵活地移植到各种不同类型的设备上使用，该算法具有 Focus 结构，有效地减少了特征损失。算法还使用了 CSP 结构，一是带有残差结构的 CSP1，二是 CSP2，使网络得到的特征粒度更细，网络提取特征的能力得以加强。

　　除此之外，该算法使用了 Pytorch 框架，对用户的友好度更高，有利于用户训练数据集；它的环境配置相对容易，训练时的速度也非常快，能够批处理推理产生实时结果；对单个图像、批处理图像，甚至是网络摄像头都可以进行推理实时产生结果；能够将 Pytorch 权重文件转为 ONXX 格式，然后可以转换为 OpenCV 的使用格式，或者通过 CoreML 转化为 IOS 格式，直接部署到手机应用端，大大增加了转换效率；对象识别速度高，可达 140FPS。

4.3　机器人视觉系统设计综合实践

4.3.1　国产版 Jetson Nano 烧录系统

1. 刷固件

　　Jetson Nano 的版本有国产版和原版两种，二者的主板性能、板载资源、尺寸、接口布局均一致，区别仅在存储和网络上。国产版 Jetson Nano 需要刷对应系统的引导固件才能正常使用，这一步的作用是让 Jetson Nano 知道镜像文件在 SD 卡里，而原版的产品可以跳过这一步。具体的刷固件流程读者可自行参考 Jetson Nano 国产版本相关配套资源，这里不再赘述。如图 4-6 所示，当安装过程中显示 "4.4#"，就说明这一步是成功的，Jetson Nano 就能够知道烧录系统存放在 SD 卡里面。

2. 烧录镜像文件到卡里

　　（1）镜像文件　国产版的 Jetson Nano 需要用国产镜像文件才能烧录成功，而用从 NVIDIA 官网下载的镜像文件给国产版的 Jetson Nano 烧录会一直开机失败，读者可在国产版本的相关配套资源中找到镜像文件，解压后烧录到 SD 卡即可。

　　原版需要在 NVDIA 官网下载对应的镜像文件。具体下载地址为：https://developer. nvidia. com/embedded/downloads，如图 4-7 所示。

图 4-6　刷固件结果

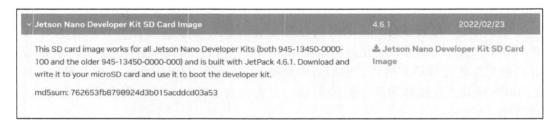

图 4-7　官方镜像文件

（2）准备 SD 卡和读卡器　将读卡器插入到电脑上，SD 卡的内存建议最少 32G，如果可以的话，建议内存大一些，镜像文件比较大。

（3）格式化　准备格式化软件：SD Card Formatter，下载链接：https://www.sdcard. org/downloads/formatter/eula_windows/SDCardFormatterv5_WinEN. zip，打开软件，选中要格式化的盘，选择"Quick format"选项，然后单击"Format"按钮开始格式化，如图 4-8 所示。

（4）烧录

1）使用 balenaEtcher 烧录。balenaEtcher 是一款开源的跨平台工具，用于将光盘映像文件（如 ISO 文件和 IMG 文件）快速、安全地写入 USB 驱动器和 SD 卡。下载 balenaEtcher 并安装，如图 4-9 所示。

图 4-8　格式化 SD 卡

图 4-9　balenaEtcher 安装包

依次单击"从文件烧录"→"选择目标磁盘"→"现在"烧录"按钮，如图 4-10 所示。

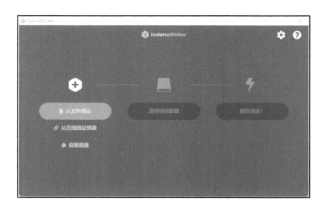

图 4-10　烧录界面

2）用 Win32DiskImager 烧录。下载 Win32DiskImager，将上文提到的镜像文件解压到文件夹中。打开软件，选择".img"（镜像）文件，在"Device"下选择 SD 卡的盘符，然后单击"Write"按钮，如图 4-11 所示。

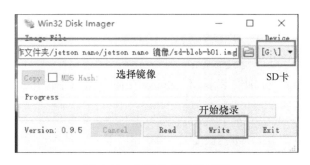

图 4-11　烧录位置选择界面

至此烧录工作结束，需要注意的是烧录完成后若提示格式化 SD 卡所在盘，一定不要格式化！

（5）开机　烧写完成后，将 SD 卡插入 Jetson Nano，插上电源线和屏幕，进行开机操作。注意使用 DC 电源需要短接 J48 跳线帽，使用 microUSB 需要拔掉 J48 跳线帽。

4.3.2　Nano 系统的环境搭建

1. 连网

方法一：用网线连接 Nano 的网口和路由器的 LAN 口，即可联网。如果是校园网络（如 UGENT），会比较特殊，需要为这种移动设备申请 IP 后才能使用，否则连接不成功。

方法二：连接 USB 无线网卡，即可连接 WiFi 和手机热点。

2. 安装中文输入法

（1）下载拼音输入法　在命令窗口中输入：

```
sudo apt-get install ibus-pinyin
```

（2）中文配置　进入系统配置"System Settings"界面，依次选择"Language Support"→"添加或删除语言"→"中文简体"选项，最后单击"Apply"按钮。

在语言支持界面将汉语调整到最前面，单击"应用到整个系统"按钮，将"键盘输入法系统"改为"iBus"。

重新启动系统，在命令窗口中输入：

```
ibus-setup
```

单击"添加"按钮，然后展开"汉语"选项，选择"汉语-Intelligent Pinyin"选项。如果找不到可以先重启，然后重新查找。

重启 iBus，在命令窗口中输入：

```
ibus restart
```

在任务栏中将输入法切成拼音输入法，此时就可以使用中文输入了。

3. 系统环境配置

（1）更新系统包　在命令窗口中输入：

```
sudo apt-get update
```

如果更新失败了就再执行一次命令。

（2）安装 pip3、jtop　分别安装 pip3、jtop，在命令窗口中输入：

```
sudo apt-get install python3-pip python3-dev-y
sudo-H pip3 install jetson-stats
sudo jtop
```

按<Q>键退出界面。

（3）修改套件显存　在命令窗口中输入：

```
sudo gedit /etc/systemd/nvzramconfig.sh
```

系统弹出"nvzramconfig.sh"文件页面，修改"mem"参数值：
把 / 修改为 ＊

```
修改之前 mem=$((("${totalmem}"/2/"${NRDEVICES}")*1024))
修改之后 mem=$((("${totalmem}"*2/"${NRDEVICES}")*1024))
```

保存退出，然后执行命令：

```
reboot
```

重启套件后，再次进入系统打开终端，输入：

```
free-h
```

可以看到"swap"参数变为"7.7G"，修改成功。

（4）配置 CUDA　修改环境变量，在命令窗口中输入：

```
gedit ~/.bashrc
```

弹出".bashrc"文件，将最后两行注释掉，输入下列内容：

```
export PATH=/usr/local/cuda-10.2/bin${PATH:+:${PATH}}
export LD_LIBRARY_PATH=/usr/local/cuda-10.2/lib64${LD_LIBRARY_PATH:+:${LD_LIBRARY_PATH}}
export CUDA_ROOT=/usr/local/cuda
```

保存退出，然后执行命令：

```
source~/.bashrc
```

环境变量修改生效后，再执行命令：

```
nvcc-V
```

查看 CUDA 的版本是 10.2，环境变量配置成功。

（5）配置库　在命令窗口中输入：

```
sudo apt-get install build-essential make cmake cmake-curses-gui-y
sudo apt-get install git g++ pkg-config curl-y
```

```
sudo apt-get install libatlas-base-dev gfortran libcanberra-gtk-module
libcanberra-gtk3-module-y
sudo apt-get install libhdf5-serial-dev hdf5-tools-y
sudo apt-get install nano locate screen-y
sudo apt-get install libfreetype6-dev-y
sudo apt-get install protobuf-compiler libprotobuf-dev openssl-y
sudo apt-get install libssl-dev libcurl4-openssl-dev-y
sudo apt-get install cython3-y
sudo apt-get install gfortran-y
sudo apt-get install libjpeg-dev-y
sudo apt-get install libopenmpi2-y
sudo apt-get install libopenblas-dev-y
sudo apt-get install libjpeg-dev zlib1g-dev-y
```

配置的库安装完成。

（6）安装 OpenCV 支持包　在命令窗口中输入：

```
sudo apt-get install build-essential-y
sudo apt-get install cmake git libgtk2.0-dev pkg-config libavcodec-dev
libavformat-dev libswscale-dev-y
sudo apt-get install python-dev python-numpy libtbb2 libtbb-dev libjpeg-
dev libpng-dev libtiff5-dev libdc1394-22-dev-y
sudo apt-get install libavcodec-dev libavformat-dev libswscale-dev
libv4l-dev liblapacke-dev-y
sudo apt-get install libxvidcore-dev libx264-dev-y
sudo apt-get install libatlas-base-dev gfortran-y
sudo apt-get install ffmpeg-y
```

OpenCV 所需包安装完成。

（7）安装 cmke　下载 cmke，在命令窗口中输入：

```
wget http://www.cmake.org/files/v3.13/cmake-3.13.0.tar.gz
```

当前目录下多了"cmake-3.13.0.tar.gz"文件，执行解压命令：

```
tar xpvf cmake-3.13.0.tar.gz cmake-3.13.0/
```

出现一个新目录"cmake-3.13.0"，进入这个目录，执行命令：

```
cd cmake-3.13.0/
./bootstrap--system-cur
```

开始编译，执行命令：

```
make-j4
```

再次修改环境变量，执行命令：

```
echo 'export PATH=~/cmake-3.13.0/bin/:$ PATH'>>~/.bashrc
```

若系统在 ".bashrc" 最后加上一句 "export PATH = ~/cmake-3.13.0/bin/: $ PATH"，执行命令：

```
source ~/.bashrc
```

修改的环境变量生效。

（8）安装 exfat-utils　安装 exfat-utils 用来解决大容量 U 盘兼容的问题，在命令窗口中输入：

```
sudo apt-get install exfat-utils
```

4. YOLOv5 环境配置

（1）下载 torch 1.8 和 torchvision 0.9　单击下载，下载完成后解压。将文件夹放到 Jetson Nano 国产套件的桌面上，目录名为 "pytorch-torchvision"，如图 4-12 所示。

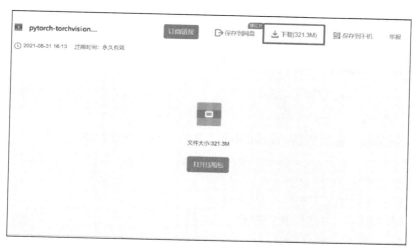

图 4-12　下载页面

打开该目录，右击选择在终端中打开，在命令窗口中输入：

```
sudo pip3 install
```

再把文件 "torch-1.8.0-cp36-cp36m-linux_arrch64.whl" 拖入到终端，并按<Enter>键执行。执行命令：

```
sudo apt-get install libjpeg-dev
sudo pip3 install pillow
```

进入 "pytorch-torchvision" 目录，执行命令：

```
cd torchvision
export BUILD_VERSION=0.9.0
sudo python3 setup.py install
```

验证软件是否安装成功，重启国产套件：

```
reboot
```

在终端执行命令：

```
python3
```

进入 python3 中，逐行输入：

```
import torch
import torchvision
print(torch.cuda.is_available())
```

输出 "True" 则说明安装成功。

执行命令退出 python3：

```
quit()
```

（2）安装所需包 安装更新 matplotlib 3.2.2、Cython 等包，逐行输入：

```
sudo pip3 install matplotlib==3.2.2
sudo pip3 install--upgrade Cython
sudo apt-get remove python-numpy
sudo pip3 install numpy==1.19.4
sudo pip3 install scipy==1.4.1
sudo pip3 install tqdm==4.61.2
sudo pip3 install seaborn==0.11.1
sudo pip3 install scikit-build==0.11.1
sudo pip3 install opencv-python==4.5.3.56
sudo pip3 install tensorboard == 2.5.0 -i https://pypi.tuna.tsinghua.
edu.cn/simple
```

```
sudo pip3 install PyYAML==5.4.1
sudo pip3 install thop
sudo pip3 install pycocotools
sudo pip3 install future
```

YOLOv5 的环境搭建完成。

4.3.3 样本采集与标注

1. 样本采集

1）将计算机连接 USB 摄像头。

2）运行 Python 打开 USB 摄像头并保存图片，程序代码为：

```
import threading,time
import cv2
import os
i=0
def func(i,frame):
    print(time.time(),"Hello Timer!",str(i))
    while os.path.exists(""+str(i)+".jpg"):
        i+=1
    cv2.imwrite('F://data/data3/' + str(i) + ".jpg",frame)
                                    #将拍摄到的图片保存在"data3"
                                    文件夹中,该路径可更改
cap=cv2.VideoCapture(0)
t1=time.time()
while(1):
    ret,frame=cap.read()
    cv2.imshow('capture',frame)
    t2=time.time()
    if (t2-t1)>=1:
        s=threading.Timer(1,func,(i,frame,))
        s.start()
        t1=t2
        i=i+1
    if cv2.waitKey(1)&0xFF==ord('q'):     #按键盘 q 就停止拍照
        break
cap.release()
cv2.destroyAllWindows
```

89

2. 样本标注

（1）下载标注工具 labelImg　下载地址：https：//github. com/tzutalin/labelImg，依次单击"Clone or download"→选择"Download ZIP"按钮，下载完成后解压，如图 4-13 所示。

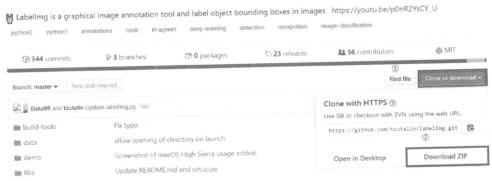

图 4-13　下载 labelImg

（2）安装库　分别安装 lxml、PyQt5、PyQt5_tools，在命令窗口中输入：

```
pip install lxml-i https://pypi. tuna. tsinghua. edu. cn/simple
pip install PyQt5-i https://pypi. tuna. tsinghua. edu. cn/simple
pip install PyQt5_tools-i https://pypi. tuna. tsinghua. edu. cn/simple
```

（3）运行"labelImg. py"　找到"labelImg. py"所在的目录，右击选择在终端中打开，在命令窗口输入指令，如图 4-14 所示。

```
python labelImg. py
```

图 4-14　运行 labelImg. py

系统弹出"labelImg"页面，安装成功，如图 4-15 所示。

图 4-15　"labelImg"页面

打开需要标注的图片文件夹，如图 4-16 所示。

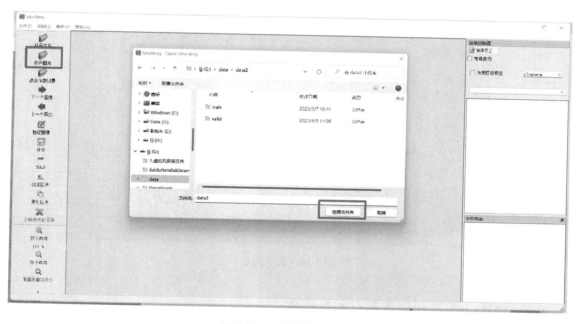

图 4-16　打开图片文件夹

设置标注文件保存的目录，如图 4-17 所示。

开始标注，如图 4-18 所示。

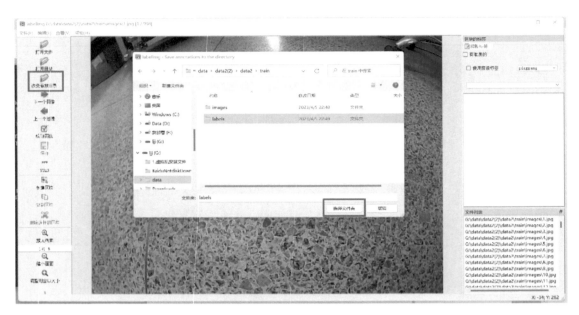

图 4-17　设置标注文件保存目录

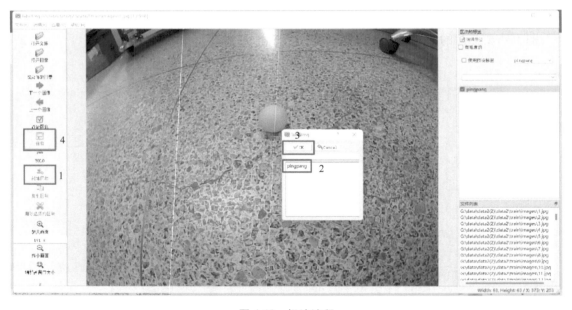

图 4-18　标注流程

4.3.4　YOLOv5 实现训练自己的数据集

1. 参数修改

1）在与"coco128. yaml"同级的文件夹中创建"coco128. yaml"副本，并重命名为"mxbx. yaml"，如图 4-19 所示。

图 4-19　创建 mxbx. yaml

2）在 pycharm 中打开"mxbx. yaml"文件，将图片路径修改为本地路径，并将标签数"nc"改为 1，如图 4-20 所示。

```
1  train: data/images  # train images (relative to 'path')
2  val: data/images  # val images (relative to 'path')
3
4  # Classes
5  nc: 1  # number of classes
6  names: ['pingpang']  # class names
```

图 4-20　修改标签种类

3）在 pycharm 中打开"train. py"，将"def parse_opt()"语句中的"coco128. yaml"改为"mxbx. yaml"，如图 4-21 所示。

```
def parse_opt(known=False):
    parser = argparse.ArgumentParser()
    parser.add_argument('--weights', type=str, default=ROOT / 'yolov5s.pt', help='initial weights path')
    parser.add_argument('--cfg', type=str, default='', help='model.yaml path')
    #配置文件
    parser.add_argument('--data', type=str, default=ROOT / 'data/mxbx.yaml', help='dataset.yaml path')
    parser.add_argument('--hyp', type=str, default=ROOT / 'data/hyps/hyp.scratch.yaml', help='hyperparameters path')
```

图 4-21　修改程序

2. 训练

1）训练时可能出现如图 4-22 所示的报错，可尝试将图 4-22 中的 batchsize 调小，如图 4-23 所示。

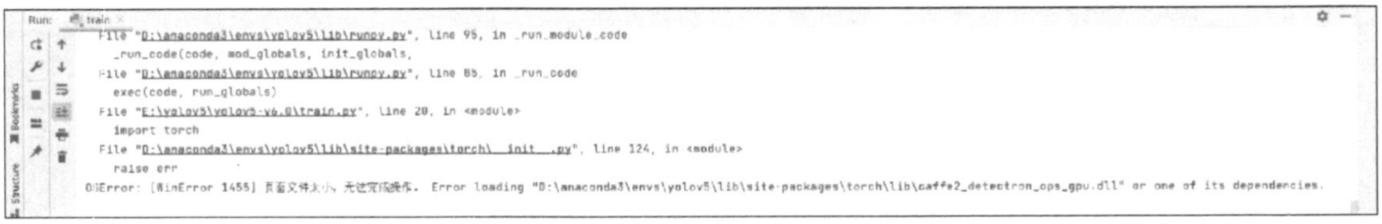

图 4-22　报错示例

```
#内存占用过大请调小，即将default=16调小
parser.add_argument('--batch-size', type=int, default=16, help='total batch size for all GPUs')
parser.add_argument('--imgsz', '--img', '--img-size', type=int, default=640, help='train, val image size (pixels)')
parser.add_argument('--rect', action='store_true', help='rectangular training')
```

图 4-23　修改程序

2）训练完成后，可在"E：\yolov5\yolov5-v6.0\runs\train\exp4\weights"路径的文件夹中找到训练好的文件，如图 4-24 所示。

图 4-24　文件位置

3）将训练好的"best. pt"文件复制到"E：\yolov5\yolov5-v6.0"路径的文件夹中，替换原有的"best. pt"文件，如图 4-25 所示。

4）运行"detect. py"，即可得到训练结果，图片存在"E：\yolov5\yolov5-v6.0\runs\detect\exp2"路径下，训练结果如图 4-26 所示。

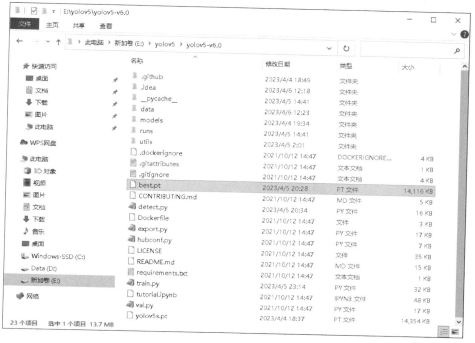

图 4-25　替换文件

图 4-26　训练结果

4.3.5　模型优化与部署

1. 模型测试

（1）下载 YOLOv5 源码　在 YOLOv5 官网下载源代码，下载地址：https://github.com/

ultralytics/yolov5/tree/v5.0，如图 4-27 所示，以 5.0 版本为例，可自行选择使用的版本，依次单击"Code"→"Download ZIP"按钮，下载完成后解压。

图 4-27　下载 YOLOv5 源码

（2）推理 demo　下载"yolov5. pt"文件到"yolov5-5. 0"文件夹中，执行"detect. py"进行测试：

```
wget https://github.com/ultralytics/yolov5/releases/download/v5.0/
yolov5s.pt
python detect.py
```

测试结果如图 4-28 所示。

图 4-28　测试结果

（3）USB 摄像头实时监测

1）准备一个摄像头，可以是 USB 摄像头，或者官方配置的 CSI-2 接口摄像头，插到 Nano 上。

2）修改"datasets. py"文件中的 280 行代码为"if ' youtube. com/' in str（url）or ' you-tu. be/' in str（url）"。如图 4-29 所示。

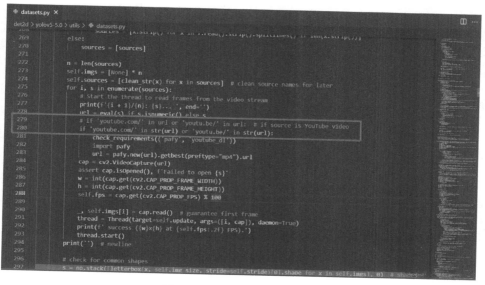

图 4-29　修改"datasets. py"

3）为了显示实时 FPS，需要修改"datasets. py"和"detect. py"两个文件。

在"utils/datasets. py"文件的"LoadStreams"类中的"__next__"函数中，修改为返回"self. fps"，如图 4-30 所示。

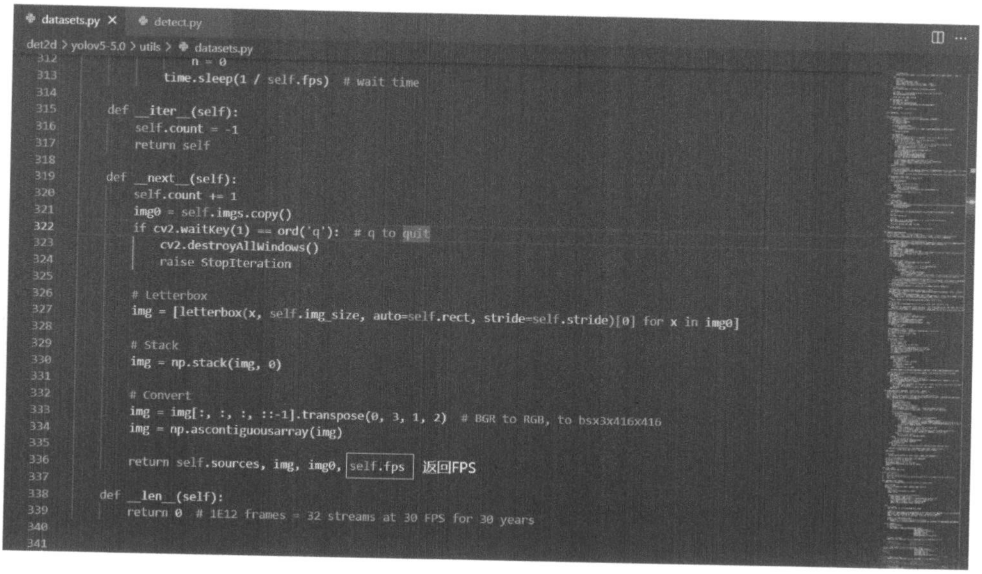

图 4-30　修改"datasets. py"

在"detect. py"文件中使用"cv2. putText"函数，在当前 frame 上显示文本，并在"vid_cap"前加"not"，防止报错，如图 4-31 所示。这是因为需要返回的只是 FPS 值，而不是 cap 对象。

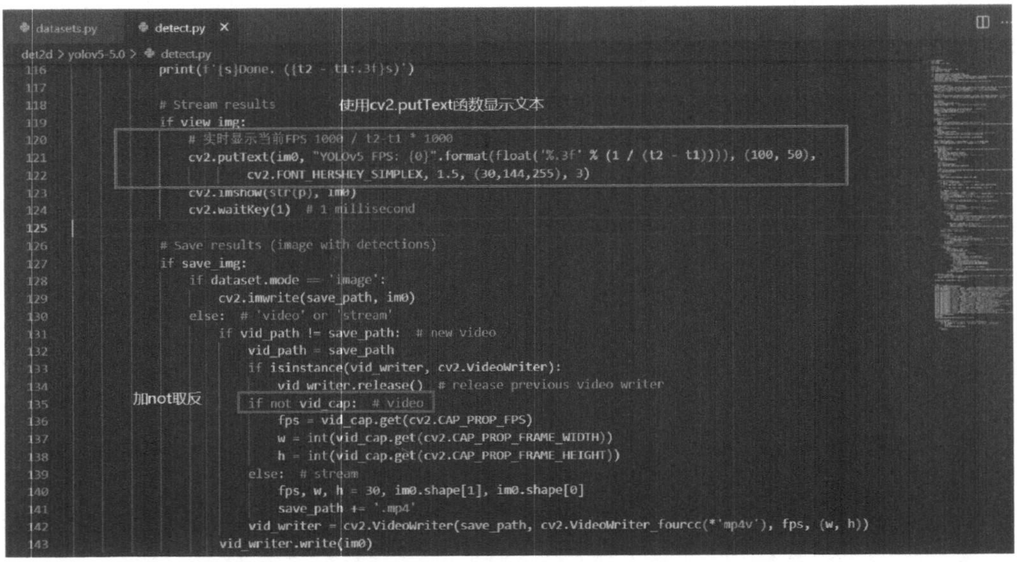

图 4-31 修改"detect. py"

代码如下：

```
import threading,time
import cv2
import os
i = 0
def func(i,frame):
    print(time.time(),"Hello Timer!",str(i))


cap.release()
cv2.destroyAllWindows

# Stream results
if view_img:
    # 实时显示当前 FPS 1000 / t2-t1 * 1000
    cv2.putText(im0,"YOLOv5 FPS: {0}".format(float('%.3f'%(1/(t2-
t1)))),(100,50),
        cv2.FONT_HERSHEY_SIMPLEX,1.5,(30,144,255),3)
    cv2.imshow(str(p),im0)
```

```
        cv2.waitKey(1)  # 1 millisecond

    # Save results (image with detections)
    if save_img:
        if dataset.mode=='image':
            cv2.imwrite(save_path,im0)
        else:  #'video'or'stream'
            if vid_path !=save_path:  # new video
                vid_path=save_path
                if isinstance(vid_writer,cv2.VideoWriter):
                    vid_writer.release()  # release previous video writer
                    if not vid_cap:  # video
                    fps=vid_cap.get(cv2.CAP_PROP_FPS)
                    w=int(vid_cap.get(cv2.CAP_PROP_FRAME_WIDTH))
                    h=int(vid_cap.get(cv2.CAP_PROP_FRAME_HEIGHT))
                else:  # stream
                    fps,w,h=30,im0.shape[1],im0.shape[0]
                    save_path +='.mp4'
                vid_writer=cv2.VideoWriter(save_path,cv2.VideoWriter_
fourcc(*'mp4v'),fps,(w,h))
            vid_writer.write(im0)
```

4）在终端中执行命令：

```
python detect.py--source 0
```

2. tensorrtx 模型转换

1）下载 tensorrtx，注意要与 YOLOv5 版本一致，然后将 "tensorrtx/yolov5/gen_wts.py" 复制到 "yolov5" 目录下，将自己训练所得的 "best.pt" 重命名为 "yolov5s.pt"，并复制到 "yolov5" 目录下，代替原来的 "yolov5s.pt"，然后执行如下命令，就可以在当前目录下生成 "yolov5.wts" 文件。

```
git clone-b yolov5-v5.0 https://github.com/wang-xinyu/tensorrtx.git
cd yolov5
python gen_wts.py-w yolov5s.pt
```

2）切换到 "tensorrtx/yolov5/" 目录，新建 "build" 文件夹，然后 cd 到 "build" 文件夹中，进行编译：

```
cd tensorrtx/yolov5/
```

```
mkdir build
cd build
cmake ..
make
```

因为要转换自己训练的模型，需要在编译前修改"yololayer. h"中的参数，代码如下：

```
static constexpr int CLASS_NUM=1;          // 数据集的类别数
static constexpr int INPUT_H=608;
static constexpr int INPUT_W=608;
```

将其中的"CLASS_NUM"修改为自己的类别数量，然后重新执行上述编译流程。

此时编译完成，生成了可执行文件"yolov5"，可以用这个可执行文件来生成".engine"文件，首先把上一步得到的"yolov5s.wts"文件复制到"build"目录下，然后执行如下命令生成"yolov5s.engine"：

```
sudo ./yolov5-s yolov5s.wts yolov5s.engine s
```

注意，这条指令中最后一个参数"s"表示模型的规模为 s，如果使用的模型规模为 n、l 或 x，需要把 s 改成对应的 n、l 或 x。

3）在生成"yolov5s. engine"之后，修改"yolov5. cpp"代码，调用 USB 摄像头实现实时检测。注意进行如下修改。

① 修改数据集类别名称，如图 4-32 所示。

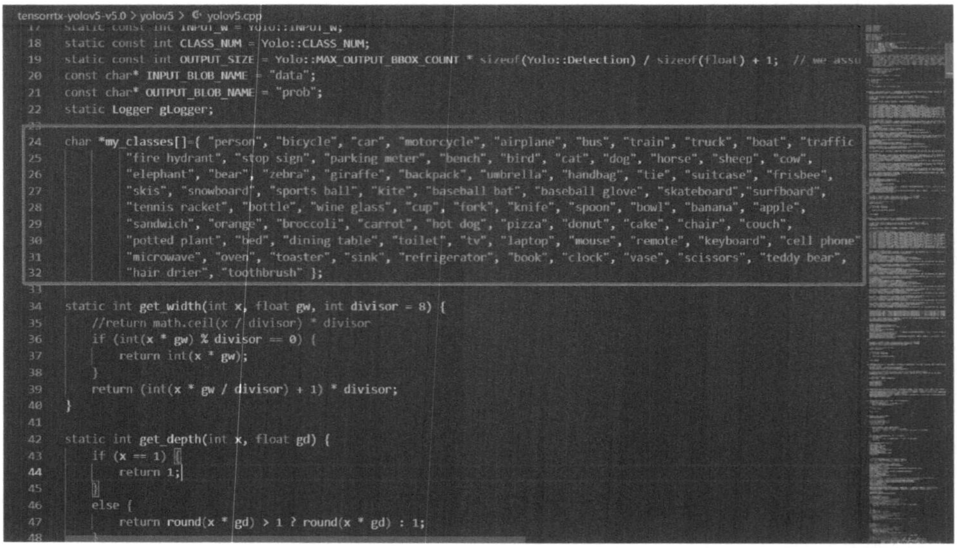

图 4-32　修改数据集类别名称

② 修改调用摄像头序号，如图 4-33 所示。

```
tensorrtx yolov5 v5.0 > yolov5 > © yolov5.cpp
335    assert(outputIndex == 1);
336    // Create GPU buffers on device
337    CUDA_CHECK(cudaMalloc(&buffers[inputIndex], BATCH_SIZE * 3 * INPUT_H * INPUT_W * sizeof(float)));
338    CUDA_CHECK(cudaMalloc(&buffers[outputIndex], BATCH_SIZE * OUTPUT_SIZE * sizeof(float)));
339    // Create stream
340    cudaStream_t stream;
341    CUDA_CHECK(cudaStreamCreate(&stream));
342
343    // 调用摄像头编号
344    cv::VideoCapture capture(0);
345
346    if (!capture.isOpened()) {
347        std::cout << "Error opening video stream or file" << std::endl;
348        return -1;
349    }
350
351    int key;
352    int fcount = 0;
353    while (1)
354    {
355        cv::Mat frame;
356        capture >> frame;
357        if (frame.empty())
358        {
359            std::cout << "Fail to read image from camera!" << std::endl;
360            break;
361        }
362        fcount++;
363        //if (fcount < BATCH_SIZE && f + 1 != (int)file_names.size()) continue;
364        for (int b = 0; b < fcount; b++) {
365            //cv::Mat img = cv::imread(img_dir + "/" + file_names[f - fcount + 1 + b]);
366            cv::Mat img = frame;
```

图 4-33　修改调用摄像头序号

4）再次进行编译，然后执行测试代码：

```
make
sudo ./yolov5 -v yolov5s.engine
```

5）测试结果如图 4-34 所示。

图 4-34　测试结果

第5章 机器人操作系统设计与实践

5.1 机器人操作系统

在计算机发明之初，并没有操作系统，人们通过各种操作按钮控制计算机，但是这种操作方式效率比较低。后来人们通过有孔的纸带将程序输入计算机进行编译，再通过程序员自己编写的程序运行计算，这种方式效率还是很低。为了更有效地管理计算机硬件并提高计算机程序的开发效率，就出现了操作系统。计算机使用的操作系统英语称为 Operating System，缩写为 OS。它是一种计算机程序，帮助使用计算机的人操控计算机硬件、管理各种应用软件。

与计算机操作系统类似，机器人操作系统的出现也是为了提高机器人设计和开发的效率。机器人操作系统英语称为 Robot Operating System，缩写为 ROS。ROS 的发展史如图 5-1 所示。

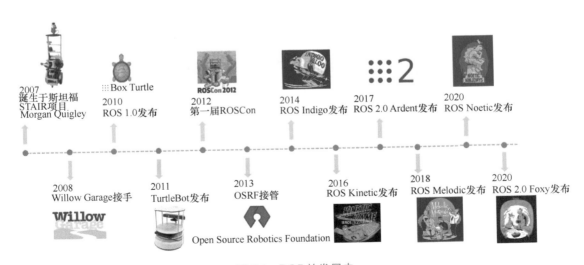

图 5-1 ROS 的发展史

ROS 最初应用于斯坦福大学人工智能实验室与机器人技术公司 Willow Garage 合作的个人机器人项目（Personal Robots Program），2008 年后由 Willow Garage 维护。该项目研发的机器人 PR2 在 ROS 框架的基础上可以完成打台球、插插头、叠衣服、做早饭等任务，由此引起了越来越多的关注。2010 年，Willow Garage 正式以开放源码的形式发布了 ROS 1.0 框架，并很快在机器人研究领域掀起了 ROS 开发与应用的热潮。

在短短的几年时间里，ROS 得到了广泛应用，各大机器人平台几乎都支持 ROS 框架，如 Pioneer、Aldebaran Nao、TurtleBot、Lego NXT、AscTec Quadrotor 等。同时，开源社区内的 ROS 功能包呈指数级增长，涉及的应用领域包括轮式机器人、人形机器人、工业机器人、农业机器人等，美国 NASA 已经开始研发下一代基于 ROS 的火星探测器。

近年来，国内机器人开发者也普遍采用 ROS 开发机器人系统，不少科研院所和高新企业已经在 ROS 的集成方面取得了显著成果，并不断促进开源社区的繁荣发展。ROS 的迅猛发展已使它成为机器人领域的标准。

ROS 的设计目标就是提高机器人设计中的软件复用率，所以它被设计成为一种分布式结构，使得框架中的每个功能模块都可以被单独设计、编译，并且在运行时以松散耦合的方式结合在一起。ROS 主要为机器人开发提供硬件抽象、底层驱动、消息传递、程序管理、应用原型等功能和机制，同时整合了许多第三方工具和库文件，帮助用户快速完成机器人应用的建立、编写和多机整合，而且 ROS 中的功能模块都封装于独立的功能包（Package）或元功能包（Meta Package）中。从系统实现的角度来看，ROS 可分为计算图、文件系统、开源社区三个层次，如图 5-2 所示。

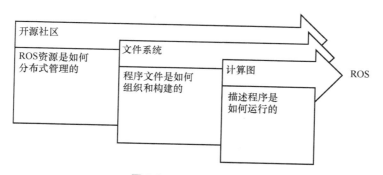

图 5-2　ROS 组成层次

ROS 的分布式结构使得众多开发者、实验室或研究机构共同协作来开发机器人软件成为可能，ROS 为这些组织或机构提供了一种高效的相互合作方式，可以在已有成果的基础上继续自己工作的构建。

总体来讲，ROS 主要有以下几个特点。

1）点对点的设计：ROS 中每一个进程都以一个节点的形式运行，可分布于不同主机（分散计算压力，协同工作），节点的通信消息通过一个带有发布和订阅功能的 RPC 传输系统来传送。

2）多语言支持：支持 Java、C++、Python 等编程语言。为了支持更多应用开发和移植，ROS 设计为一种语言弱相关的框架结构，使用简洁，中立的定义语言描述模块间的消息接口，在编译中再产生所使用语言的目标文件，为消息交互提供支持，同时允许消息接口的嵌套使用。

3）架构精简，集成度高：ROS 模块化的特点使得每个功能节点可以单独编译，且使用同样的消息接口，所以移植复用更便捷。

4）组件化工具包丰富：ROS 可采用组件化方式集成一些工具和软件到系统中并把它们作为一个组件直接使用，如 RVIZ（3D 可视化工具），开发者根据 ROS 定义的接口在其中显示机器人模型等，组件还包括仿真环境和消息查看工具等。

5）开源：ROS 开源社区中的应用代码以维护者来分类，主要包含由 Willow Garage 公司和一些开发者设计、维护的核心库部分，以及由不同国家的 ROS 社区组织开发和维护的全球范围的开源代码。在短短的几年里，ROS 软件包的数量呈指数级增长，开发者可以在社区中下载、复用琳琅满目的机器人功能模块，可大大加速机器人的应用开发进程。

5.2 机器人操作系统的设计

5.2.1 控制策略设计

本实验选用 Jetson Nano 作为感知模块的处理器，其外接有深度相机和激光雷达，i.MX8 作为 ROS 主控的处理器，负责运行 ROS 和各个节点程序。STM32 作为底层模块的处理器，接有蓝牙模块、IMU 模块、捡球装置和移动底盘。各个处理器之间可以通过串口等多种方式通信。

ROS 主控设计为四层架构：第一层由 Linux 操作系统的 OS 层组成，第二层由 ROS 内核通信体系和相关的服务库组成；第三层是应用层，运行着 ROS MASTER 和目标识别节点、底层控制节点、巡航控制节点、避障控制节点、地图建立节点、捡球控制节点这六个功能节点；第四层是决策层，负责实现机器人从感知、规划、控制到动作的决策流程。

捡乒乓球机器人的运动控制策略是由目标识别节点和巡航控制节点分别发送乒乓球位置数据，雷达扫描数据到底层控制节点中，运动控制节点对乒乓球位置信息、机器人四周障碍信息进行分析，然后发送运动控制指令到串口通信节点，串口通信节点发送速度控制指令到底层运动控制模块来控制机器人运动，串口通信节点同时接收机器人的位姿和速度。机器人运动控制策略如图 5-3 所示。

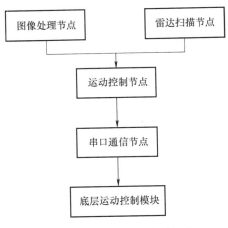

图 5-3　机器人运动控制策略

5.2.2　ROS 环境搭建

1. Ubuntu 系统环境搭建

ROS 是基于 Ubuntu 的操作系统，因此需要搭建一台安装 Ubuntu 系统的 PC 或虚拟机，具体的搭建方法参考“Android 源码开发环境搭建（Ubuntu14. 04，Android7. 1. 1）. pdf”，后边的实验环境使用 Ubuntu18. 04，读者可自行根据文档的操作说明，下载 Ubuntu18. 04 的镜像进行安装。

2. 安装 ROS

在安装之前，首先查看一下 Ubuntu 的安装源，如果使用默认的安装源，可能连接不上或者连接特别慢，ROS 需要安装的资源比较大（一般为几百兆），建议使用国内的源，如国科大的镜像源（图 5-4），下载地址：mirrors. ustc. edu. cn。

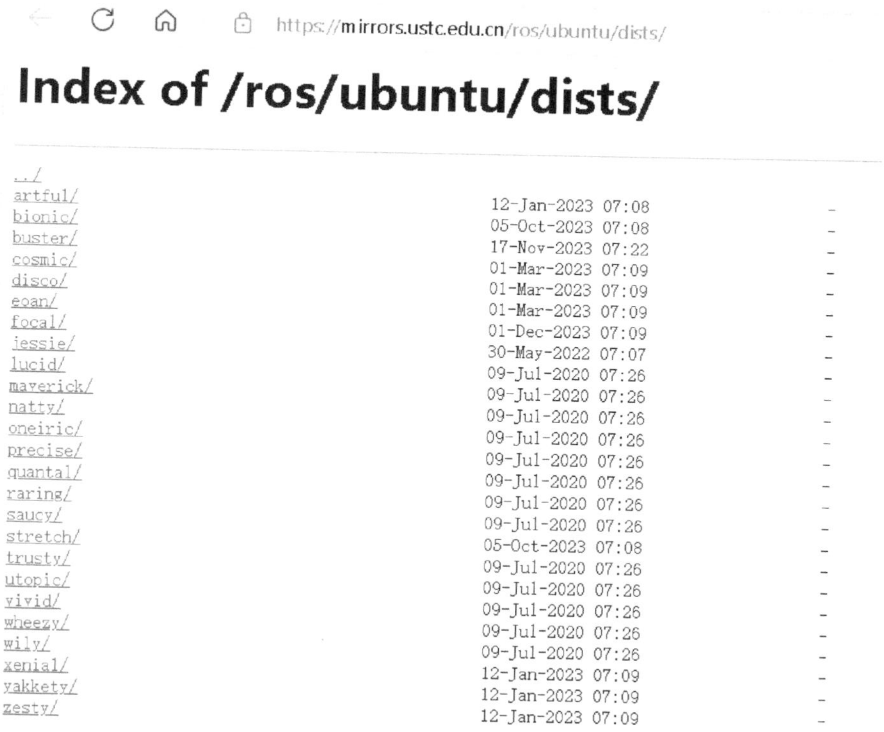
https://mirrors.ustc.edu.cn/ros/ubuntu/dists/

Index of /ros/ubuntu/dists/

../		
artful/	12-Jan-2023 07:08	-
bionic/	05-Oct-2023 07:08	-
buster/	17-Nov-2023 07:22	-
cosmic/	01-Mar-2023 07:09	-
disco/	01-Mar-2023 07:09	-
eoan/	01-Mar-2023 07:09	-
focal/	01-Dec-2023 07:09	-
jessie/	30-May-2022 07:07	-
lucid/	09-Jul-2020 07:26	-
maverick/	09-Jul-2020 07:26	-
natty/	09-Jul-2020 07:26	-
oneiric/	09-Jul-2020 07:26	-
precise/	09-Jul-2020 07:26	-
quantal/	09-Jul-2020 07:26	-
raring/	09-Jul-2020 07:26	-
saucy/	09-Jul-2020 07:26	-
stretch/	05-Oct-2023 07:08	-
trusty/	09-Jul-2020 07:26	-
utopic/	09-Jul-2020 07:26	-
vivid/	09-Jul-2020 07:26	-
wheezy/	09-Jul-2020 07:26	-
wily/	09-Jul-2020 07:26	-
xenial/	12-Jan-2023 07:09	-
yakkety/	12-Jan-2023 07:09	-
zesty/	12-Jan-2023 07:09	-

图 5-4　ROS 国科大的镜像源

（1）准备工作　使用“apt-get install”命令的时候，会在“source. list”中根据源的“cache”文件夹查找包，然后进行安装。将国科大的源添加到“source. list”中按照如下步骤进行准备工作。

设置环境：

```
update-locale LANG=C LANGUAGE=C LC_ALL=C LC_MESSAGES=POSIX
```

添加国科大源：

```
sudo sh-c './etc/lsb-release && echo "deb http://mirrors.ustc.edu.
cn/ros/ubuntu/ $DISTRIB_CODENAME main">/etc/apt/sources.list.d/ros-
latest.list'
```

签名配置：

```
sudo apt-key adv--keyserver hkp://ha.pool.sks-keyservers.net:80--re-
cv-key 0xF42ED6FBAB17C654
```

更新：

```
apt-get update
```

经过编者测试，100M 的光纤，最大下载速度为 11.8MB/s。签名配置中，公钥是 Ubuntu 系统的一种安全机制，也是 ROS 安装中不可或缺的一个步骤。最后是更新，将远程的安装包信息同步到本地，如果使用"apt-get install"命令，则可以在"cache"文件夹中搜索，查询到对应的包，否则会提示找不到包。

（2）安装方式　ROS 中有很多函数库和工具，官网提供了桌面完整版安装、桌面版安装、基础版安装、单独软件包安装 4 种默认的安装方式，推荐桌面完整版安装，包含 ROS、rqt、rviz、通用机器人函数库、2D/3D 仿真器、导航及 2D/3D 感知功能。安装版本如下。

Ubuntu 18.04 安装 Melodic 版本：

```
sudo apt-get install ros-melodic-desktop-full # Ubuntu 18.04
```

Ubuntu 16.04 安装 Kinetic 版本：

```
sudo apt-get install ros-kinetic-desktop-full # Ubuntu 16.04
```

Ubuntu 14.04 安装 Lndigo 版本：

```
sudo apt-get install ros-indigo-desktop-full # Ubuntu 14.04
```

如果不想安装桌面完整版，可以尝试其他 3 种方式安装。

桌面版安装（包含 ROS、rqt、rviz 以及通用机器人函数库）：

```
sudo apt-get install ros-melodic-desktop
```

基础版安装（包含 ROS 核心软件包、构建工具及通信相关的程序库，无 GUI 工具）：

```
sudo apt-get install ros-melodic-ros-base
```

单独软件包安装（这种安装方式在运行 ROS 缺少某些 package 依赖时会经常用到，可以安装某个指定的 ROS 软件包，使用软件包名称替换掉下面的 "PACKAGE"）：

```
sudo apt-get install ros-melodic-PACKAGE
```

系统提示找不到 slam-gmapping 时，可以运行：

```
sudo apt-get install ros-melodic-slam-gmapping
```

要查找可用的软件包，可以运行：

```
apt-cache search ros-melodic
```

软件包的依赖问题还可能出现在重复安装 ROS、错误安装软件包的过程中，出现软件包无法安装的问题，例如：

```
依赖: ros-melodic-desktop 但是它将不会被安装；
依赖: ros-melodic-perception 但是它将不会被安装；
依赖: ros-melodic-simulators 但是它将不会被安装；
```

E：无法修正错误,因为您要求某些软件包保持现状,就是它们破坏了软件包间的依赖关系。

出现上述问题，很可能是 ROS 版本与自己 Ubuntu 系统版本不兼容造成的，也可能是镜像源没更新。当然也有可能是其他原因，例如，更新了忘记刷新环境 source，需要重开一个终端等。具体问题的原因可以去搜索引擎上尝试求助解决，或者到 ROSWiki（ROS 百科）去查询解决具体问题。

3. 配置 ROS

配置 ROS 是安装完 ROS 之后必须做的工作。

（1）初始化

```
uptech@ imx8mm:~ # sudo rosdep init && rosdep update
```

初始化 rosdep 是使用 ROS 之前的必要步骤。rosdep 可以在需要编译某些源码的时候为其安装一些系统依赖，同时也是某些 ROS 核心功能组件所必须用到的工具。这里需要注意，按照从无到有，在捡乒乓球机器人（i.MX8）中已经做了这个操作，重复做会出现如下错误：

```
uptech@ imx8mm:~ # sudo rosdep init && rosdep update
ERROR: default sources list file already exists:
/etc/ros/rosdep/sources.list.d/20-default.list
Please delete if you wish to re-initialize
```

这属于正常现象，根据错误提示处理即可。

（2）环境配置

```
#For Ubuntu 18.04
$ echo "source /opt/ros/melodic/setup.bash">>~/.bashrc
#For Ubuntu 16.04
$ echo "source /opt/ros/kinetic/setup.bash">>~/.bashrc
#For Ubuntu 14.04
$ echo "source /opt/ros/indigo/setup.bash">>~/.bashrc
#基本环境设置
export LANG=C
export LANGUAGE=C
#export LC_ALL=C
export LC_MESSAGES=POSIX
export ROS_IP=`hostname-I | awk'{print $1}'`
export DISPLAY=:0
export ROS_HOSTNAME=`hostname-I | awk'{print $1}'`
export ROS_MASTER_URI=http://`hostname-I | awk'{print $1}'`:11311
```

注意：ROS 的环境配置，使得每次打开一个新的终端，ROS 的环境变量都能够自动配置好，即添加到 bash 会话中，因为命令"source /opt/ros/kinetic/setup.bash"只在当前终端有作用，即具有单一时效性，要想每次新开一个终端都不用重新配置环境，就用"echo"语句将命令添加到"bash"会话中（和用 vim 编辑器打开"~/.bashrc"文件进行添加效果一样）。

（3）安装 rosinstall　　rosinstall 是 ROS 中一个独立分开的常用命令行工具，它可以方便地通过一条命令就可以给某个 ROS 软件包下载很多源码树。在 Ubuntu 系统中安装这个工具，运行：

```
$ sudo apt-get install python-rosinstall
```

4. 测试 ROS

在 ROS 的安装结束后，则应测试 ROS 能否正常运行。首先启动 ROS，输入代码运行"roscore"节点：

```
uptech@imx8mm:~# roscore
```

如果出现图 5-5 所示画面，那么说明 ROS 正常启动了。按<CTRL+C>结束 ROS 运行。

关键字"roscore cannot run as another roscore/master is already running"。说明已经有 roscore 在运行了，忽略即可，报错代码为

```
uptech@imx8mm:~$ roscore
...logging to /home/uptech/.ros/log/80970aec-f884-11ea-afd5-0e6a112da77d/
roslaunch-imx8mm-5227.log
```

Checking log directory for disk usage. This may take a while.

Press Ctrl-C to interrupt

Done checking log file disk usage. Usage is<1GB.

started roslaunch server http://192.168.88.57:36435/

ros_comm version 1.14.5

SUMMARY

========

PARAMETERS

* /rosdistro: melodic

* /rosversion: 1.14.5

NODES

RLException: roscore cannot run as another roscore/master is already running.

Please kill other roscore/master processes before relaunching.

The ROS_MASTER_URI is http://192.168.88.57:11311/

The traceback for the exception was written to the log file

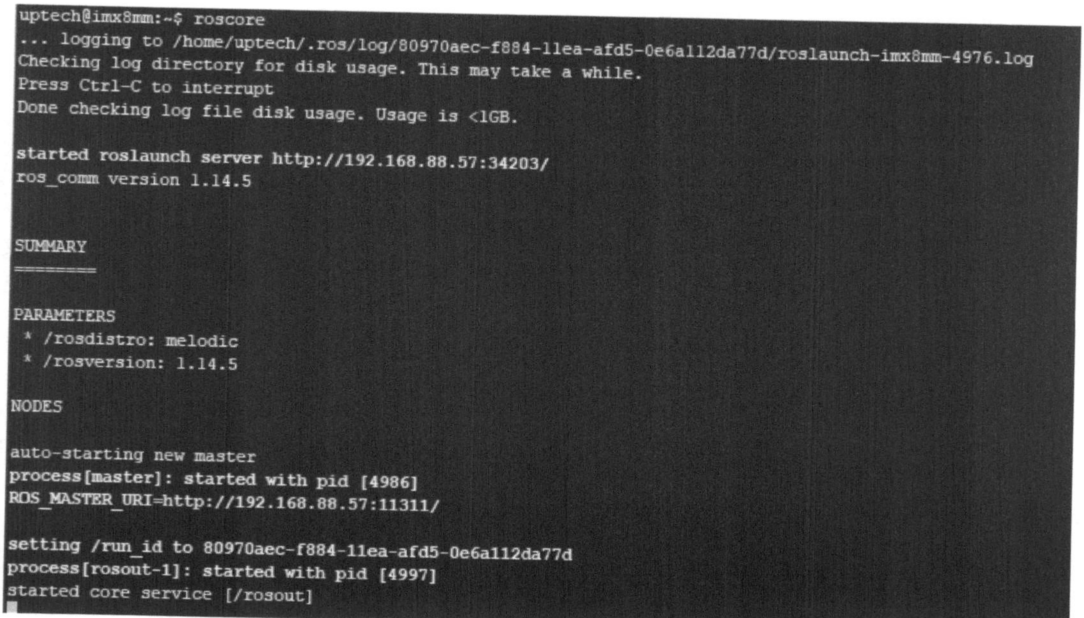

```
uptech@imx8mm:~$ roscore
... logging to /home/uptech/.ros/log/80970aec-f884-11ea-afd5-0e6a112da77d/roslaunch-imx8mm-4976.log
Checking log directory for disk usage. This may take a while.
Press Ctrl-C to interrupt
Done checking log file disk usage. Usage is <1GB.

started roslaunch server http://192.168.88.57:34203/
ros_comm version 1.14.5

SUMMARY
========

PARAMETERS
 * /rosdistro: melodic
 * /rosversion: 1.14.5

NODES

auto-starting new master
process[master]: started with pid [4986]
ROS_MASTER_URI=http://192.168.88.57:11311/

setting /run_id to 80970aec-f884-11ea-afd5-0e6a112da77d
process[rosout-1]: started with pid [4997]
started core service [/rosout]
```

图 5-5　roscore 运行测试

接下来就真正体验一下 ROS 的魅力，运行一个自带的小乌龟，通过键盘控制它行走。在刚才"roscore"节点不退出的情况下，新开一个终端。对于捡乒乓球机器人来说，可以通过 Xshell 等工具打开多个 ssh 登录的终端，如图 5-6 所示。Xshell 的使用请自行查阅相关资料。

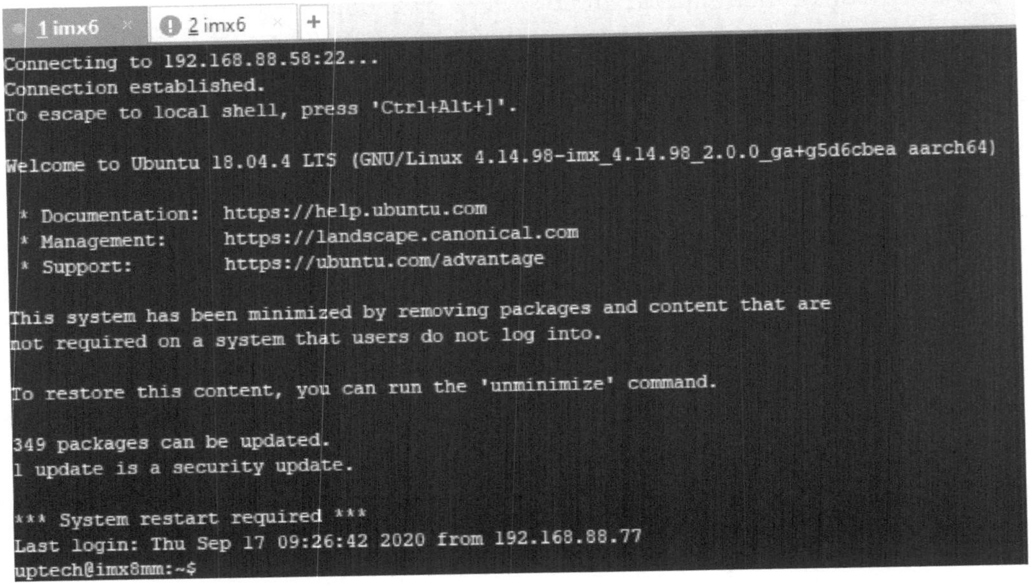

图 5-6 Xshell 开启多个终端

在终端 2 中输入：

```
rosrun turtlesim turtlesim_node
```

效果：

```
uptech@ imx8mm:~ $ rosrun turtlesim turtlesim_node
libEGL warning: DRI2: failed to authenticate
[ INFO ] [ 1600307704.984811381 ]: Starting turtlesim with node
name /turtlesim
    [ INFO ] [ 1600307705.004700182 ]: Spawning turtle [ turtle1 ] at x =
[ 5.544445 ],y=[ 5.544445 ],theta=[ 0.000000 ]
```

这个时候在屏幕上就可以看到一只乌龟，背景是蓝色，乌龟的颜色是随机的（每次运行，颜色都可能不同）。接下来在终端 3 中再输入一条对乌龟进行控制的命令：

```
uptech@ imx8mm:~ $ rosrun turtlesim turtle_teleop_key
Reading from keyboard
```

```
--------------------------
Use arrow keys to move the turtle.
```

根据提示，使用箭头键移动乌龟，其中一个状态如图 5-7 所示。

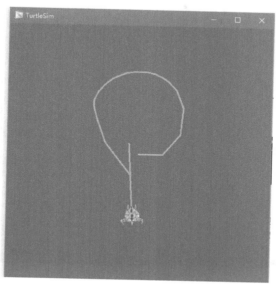

图 5-7　Xshell 乌龟运动状态图

小乌龟演示程序是可以直接运行的，而在实际开发中，需要经过源代码编写、编译等多个过程，而这既要自己编写代码，又可能要用到其他人的代码，所以特别需要一个对于编写和协作开发软件项目来说至关重要的工具——Git。Git 需要用户自己安装并配置（编译的时候可能还会使用 Git 同步）。捡乒乓球机器人和配套的虚拟机可能已经配置好了，在开发之前，建议用户改成自己的用户名、邮箱。修改方法：

```
uptech@ uptech-jhj:~ $ git config--list
user. email=1427570903@ qq. com
user. name=jhjyear
color. ui=auto
core. repositoryformatversion=0
core. filemode=true
core. bare=false
core. logallrefupdates=true
```

罗列当前配置的用户名和邮箱的命令：

```
git config--global user. name "用户名"
git config--global user. email"邮箱"
```

如上小乌龟演示程序运行实例同样适用于 PC 端，效果如图 5-8 所示。

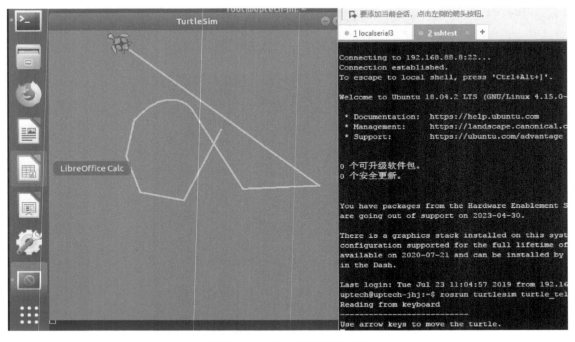

图 5-8　PC 端乌龟运动状态图

5.2.3　系统移植

Linux 系统已经剪切好，只需按照步骤将系统烧写进去即可，这里包括博创 i. MX8 核心板和 Jetson Nano 的镜像，需要分别烧录。

（1）插卡　需要准备两张 32GB 以上的 TF 卡，将 TF 卡插在读卡器中，然后将读卡器插入 USB 接口中，如图 5-9 所示。有的 PC 带有读卡器，插入 PC 的读卡器卡槽即可。

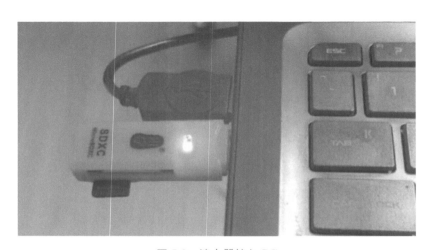

图 5-9　读卡器接入 PC

（2）解压　文件目录下有命名为"jetson-nano-uptech-v2.img"和"UP-ROB-PingP-Ⅲ.img"的压缩文件，如图 5-10 所示，将其解压。

名称	修改日期	类型	大小
jetson-nano-uptech-v2.img	2023/10/5 21:17	光盘映像文件	31,166,976 KB
UP-ROB-PingP-Ⅲ.img	2023/9/28 17:48	光盘映像文件	14,680,064 KB

图 5-10　解压之后的镜像文件

（3）烧写　UP 派和树莓派类似，可以使用"Win32DiskImager"应用程序（图 5-11）将 img 文件写入到 TF 卡中，操作简单。

名称	修改日期	类型	大小
libstdc++-6.dll	2015/12/28 14:25	应用程序扩展	1,505 KB
libwinpthread-1.dll	2015/12/28 14:25	应用程序扩展	78 KB
opengl32sw.dll	2014/9/23 2:36	应用程序扩展	14,864 KB
Qt5Core.dll	2017/3/6 11:33	应用程序扩展	5,275 KB
Qt5Gui.dll	2016/12/1 2:41	应用程序扩展	5,159 KB
Qt5Svg.dll	2016/12/1 5:05	应用程序扩展	340 KB
Qt5Widgets.dll	2016/12/1 2:49	应用程序扩展	6,219 KB
README.txt	2017/2/24 10:20	文本文档	4 KB
unins000.dat	2022/11/7 9:57	DAT 文件	17 KB
unins000.exe	2022/11/7 9:56	应用程序	1,174 KB
Win32DiskImager.exe	2017/3/6 11:32	应用程序	187 KB

图 5-11　"Win32DiskImager"应用程序

按照如图 5-12 所示的步骤选择"sd.img"文件，选择刚才插入的读卡器，然后单击"Write"按钮进行烧写。烧写过程如图 5-13 所示。

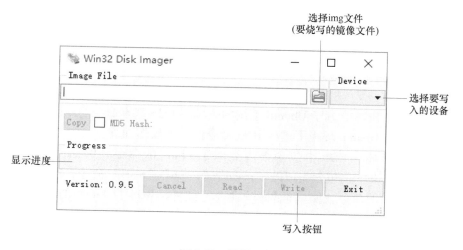

图 5-12　烧写工具

等待烧写完毕，然后将 TF 卡插入机器人的 UP 派主板，开机上电即可。Jetson Nano 镜像的烧录和 UP 派类似，选取对应的镜像文件烧录即可。

图 5-13　烧写过程

5.3　机器人操作系统设计综合实践

5.3.1　实验一：ROS 基本命令使用

1. 实验环境
- 硬件：PC。
- 软件：ROS、PC 运行 ROS 的系统、Xshell。

2. 实验目的
- 了解 ROS 的基本命令。
- 熟悉 Ubuntu 环境。

3. 实验内容
- 掌握 ROS 的基本命令。
- 熟悉 Ubuntu 系统的基本命令操作。
- 了解 ROS 中的相关命令。

4. 实验原理

（1）基础环境　ROS 是基于 Ubuntu 系统的，学习 ROS 基本命令的同时需要了解 Ubuntu 系统的基本操作。在 Ubuntu 环境下进行 ROS 命令的基本操作训练。

（2）命令原理简述　ROS 中包含很多类似于 Linux 的命令，例如，Linux 包含 "cd" "cp" "ls" 等命令，ROS 也包含类似的 "roscd" "roscp" "rosls" 命令，ROS 还包含其他一些特有（相对来说）的命令，如 "rosbag" 命令。此外，ROS 与 Linux 的命令功能也类似，例如，"cd" 命令是进入到某个目录，"roscd" 也是进入到某个目录，只不过它是相对于 ROS 来说的。

ROS 下的这些命令大多是 Python 编写的脚本，也有部分命令是 rosbash 的一部分，例如，"roscd" 就是 "rosbash" 的一部分。可以访问 "wiki. ros. org" 网站了解更多内容。

5. 实验步骤

（1）Ubuntu 系统基本命令操作　计算机使用最多的是 Windows 系统，Windows 系统使用的是图形界面操作（用鼠标单击操作），而 Linux 系统以命令行操作居多，Ubuntu 系统也是 Linux 系统的一种，因此 Ubuntu 系统基本命令操作也就是 Linux 系统下的命令操作。Linux 系统中有一个类似 Windows 系统的 "cmd" 的工具，一般称为 "xxxterminalxxx"，关键字为 "term"。ROS 操作往往需要打开多个终端界面，Ubuntu 系统有支持分屏的 "terminator" 工具，接下来从安装 "terminator" 工具开始介绍 Ubuntu 系统基本命令操作。

安装 "terminator" 工具：

```
uptech@ uptech-jhj:~ $ sudo apt install terminator
```

在 Ubuntu 下，安装软件、工具使用 "apt" 或 "apt-get" 命令，"apt" 命令相对 "apt-get" 命令更好用，有安装进度显示，在以后的版本中，将会逐步使用 "apt" 命令替代 "apt-get" 命令，不过低版本的 Ubuntu 没有 "apt" 命令，需要使用 "apt-get" 命令（例如，"apt" 命令是 5 月份出的，2 月份出的 Ubuntu 当然没有 "apt" 命令）。安装软件包使用 "apt install" 命令，软件包安装完成后可以使用 "terminator" 命令打开：

```
uptech@ uptech-jhj:~ $ terminator
```

如图 5-14 所示为 Ubuntu 系统下 "terminator" 终端界面，右键菜单可以实现水平、垂直分割，对于后面 ROS 命令的操作会比较直观。然后在每个工作区输入命令都可以正常运行。

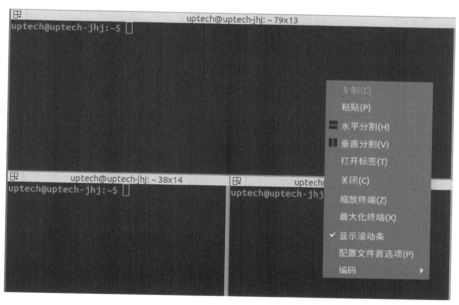

图 5-14　"terminator" 终端界面效果图

Ubuntu 系统常用命令包含 "cd" "ls" 等，下面介绍这两个命令，为后面的 ROS 命令操作打下基础。

1）"cd" 命令："cd" 也就是 change directory，改变目录的意思，那么 "cd" 命令后面的参数也就是目录。应用实例：

```
uptech@ uptech-jhj:~ $ cd Desktop/
uptech@ uptech-jhj:~/Desktop $
```

实例中是"Desktop",即改变目录到桌面,然后就可以看到确实进入桌面这个目录了。"cd"命令在 Linux 系统中使用率是非常高的,用于改变、进入某个目录,参考点是当前位置,然后进入某个目录。在 Linux 系统包含 bash,很多命令等都可以自动补全,不需要逐个字母全部敲完,例如,对上面的"cd"命令,当输入"cd D"的时候按<Tab>键即可自动补全,如果有多个"D"开头的目录,则双击<Tab>会使系统提示显示目录,再继续输入"cd De"的时候按<Tab>即可自动补全,呈现出"cd Desktop/",然后按<Enter>键即可完成命令的操作。

2)"ls"命令:"ls"是 list source 的简写,用于列出当前目录下的内容,后面可以跟参数,例如,列出某个目录下的内容,可以是用"ls+目录"的形式。应用实例:

```
uptech@ uptech-jhj:~ $ ls
Desktop    Music    Templates
Documents  Pictures  Videos
```

更多详细内容可以输入"ls-help"查看,在 Linux 系统下,绝大部分都可以这样查看帮助信息。

本次实验是以 ROS 命令练习为主,ROS 是基于 Ubuntu 系统的,因此 Ubuntu 基本操作是 ROS 的基础,Ubuntu 系统还有很多命令、服务、环境等,需要自己不断地学习与练习,才能熟练掌握 Linux 系统通用操作技能。

(2)ROS 基本命令练习 在 ROS 命令操作之前,首先使用"printenv"命令打印出当前的环境变量,以查看 ROS 的操作环境,具体操作如下:

```
uptech@ uptech-jhj:~ $ printenv |grep ROS
ROS_ETC_DIR=/opt/ros/melodic/etc/ros
ROS_ROOT=/opt/ros/melodic/share/ros
ROS_MASTER_URI=http://192.168.88.8:11311
ROS_VERSION=1
ROS_PYTHON_VERSION=2
ROS_IP=192.168.88.8
ROS_PACKAGE_PATH=/opt/ros/melodic/share
ROSLISP_PACKAGE_DIRECTORIES=
ROS_HOSTNAME=192.168.88.8
ROS_DISTRO=melodic
```

以上代码表示从所有环境变量中过滤出想要的 ROS 环境信息,过滤器是 grep,过滤网是 ROS。

ROS 的配置目录是"ROS_ETC_DIR",ROS 包路径是"ROS_PACKAGE_PATH",ROS

的版本是 "ROS_DISTRO"，ROS 环境已经配置好后，接下来进行 ROS 命令的操作练习。

上述介绍 Linux 命令是以 "cd" "ls" 命令为例，下面 ROS 命令操作也基于这两个命令开始介绍，注意 ROS 中的 "cd" "ls" 命令写成 "roscd" "roslib" 了，下面实际操作一下：

```
uptech@ uptech-jhj:~ $ roscd roslib
uptech@ uptech-jhj:/opt/ros/melodic/share/roslib $
```

在对这个命令现象说明之前，先看看前面环境变量 "ROS_PACKAGE_PATH=/opt/ros/melodic/share"，"roscd" 命令会直接进入到 "/opt/ros/melodic/share/roslib" 目录下，这难道是巧合？答案是否定的。"roscd" 命令和前面的 "cd" 命令类似，也是改变目录，但是它是相对于 ROS 来说的，使用 "roscd" 命令可以直接进入 ROS 的某个包，例如，这里直接进入到 "roslib" 目录。从 Linux 的角度，它从 "uptech" 用户目录直接进入到 "/opt/ros/melodic/share/roslib" 目录，进行了跨越性的目录改变，而对于 ROS 来说，只是从 "share" 目录进入到 "roslib" 目录。在 Linux 下的任意一个目录下执行 "cd" 命令，会默认进入当前用户的主目录，那么 "roscd" 命令会进入到 "/opt/ros/melodic/" 目录还是 "/opt/ros/melodic/share/" 目录？下面通过测试命令来说明。

Linux 下的 "cd" 命令：

```
uptech@ uptech-jhj:/usr/bin $ cd
uptech@ uptech-jhj:~ $ pwd
/home/uptech
```

ROS 下的 "roscd" 命令：

```
uptech@ uptech-jhj:~ $ roscd
uptech@ uptech-jhj:/opt/ros/melodic $ pwd
/opt/ros/melodic
```

可以看到 "cd" 命令的确进入用户的主目录，"roscd" 命令会进入当前 ROS 版本的根目录。这里又遇到了一个新的 "pwd" 命令，该命令用于显示当前的绝对路径。既然 "cd" 命令可以进入某个目录，"roscd" 命令可以吗？前面说的进入某个包，包也是放在目录下的，能直接传入任意目录吗？下面以 "roscd" 命令为例：

```
uptech@ uptech-jhj:/opt/ros/melodic/share/roslib $ ls
cmake   package.xml
uptech@ uptech-jhj:/opt/ros/melodic/share/roslib $ roscd cmake
roscd: No such package/stack 'cmake'
```

可以看到 "roscd" 命令是不能直接写目录的，根据错误提示，"roscd" 命令是针对 ROS 中的 package 而言的，目录和 package 还是有很大区别的。再从常规角度说明一下：

"roscd"命令是对"cd"命令的包装,让它更适用于ROS,可以使用"roscd"命令在ROS中直接按包进行管理,如果"roscd"命令和"cd"命令一样,那么ROS包装"roscd"命令也就没必要了,直接使用"cd"命令即可。"cd"命令也可以完成"roscd"命令的功能,只不过需要添加绝对路径,比较麻烦,也就是说"roscd"命令是为了进入ROS某个包更简单而设计的。

"roscd"命令和"rosls"命令都包含在"rosbash package"中,"roscd""rosls""rosd""rosed""rosrun""rospd"等也在其中。为了更好地理解ROS命令,下面做一个演示:

```
uptech@ uptech-jhj:/opt/ros/melodic/share $ which ls
/bin/ls
uptech@ uptech-jhj:/opt/ros/melodic/share $ which rosls
uptech@ uptech-jhj:/opt/ros/melodic/share $
```

在Linux下平时用的工具一般是小程序,然后将其放置在系统目录下,以便系统直接执行这些小程序。例如,Windows系统下的"cmd"实际是"cmd.exe",再如,"ls"命令是Linux系统下的一个常用命令,可以使用"which"命令查看具体使用的是哪个文件,这里的"ls"命令是"bin"目录下的"ls"命令,前面说是"rosbash"包的一部分,也就是说它实际就是"rosbash"包中的一个函数(function),因此使用"which"命令是找不到具体文件的。

"rosls"命令:

```
uptech@ uptech-jhj:/opt/ros/melodic/share/roslib $ ls
cmake  package.xml
uptech@ uptech-jhj:/opt/ros/melodic/share/roslib $ rosls
cmake  package.xml
```

"rosls"命令后面不跟参数的情况与"ls"命令完全一致,都是列出当前目录下的资源,如果后面跟上ROS的package,就有很大的差别:

```
uptech@ uptech-jhj:/opt/ros/melodic/share/roslib $ rosls roscpp
cmake  msg  package.xml  rosbuild  srv
uptech@ uptech-jhj:/opt/ros/melodic/share/roslib $ ls roscpp
ls: cannot access 'roscpp': No such file or directory
```

这就是"rosls"命令的意义,可以直接列出指定包下的信息,而包的路径在前面的环境变量"ROS_PACKAGE_PATH"中直接指定,运行"roscd""rosls"等命令的时候会直接到这个变量指定的路径下搜索包,然后执行"ls"命令操作。

ROS命令的格式:

```
roscd<package-or-stack>[/subdir]
roscd roscpp/include/ros
```

```
rosls<package-or-stack>[/subdir]
rosls roscpp/include/ros
```

"rosbash" 包的命令都类似，是基本的操作格式。"rosbash" 包还有其他的命令，也类似。

（3）ROS 命令介绍及操作

1）ROS Bash 命令介绍如下。

roscd：进入到指定的 ROS 功能包目录。

rosls：显示 ROS 功能包的文件与目录。

rosed：编辑 ROS 功能包的文件。

roscp：复制 ROS 功能包的文件。

rospd：添加目录至 ROS 目录索引。

rosd：显示 ROS 目录索引中的目录。

使用率高的命令是"roscd" "rosls" "rosed"。下面补充一下"rosed"命令，实例如下：

```
uptech@ uptech-jhj:~ $ pwd
/home/uptech
uptech@ uptech-jhj:~ $ rosed roscpp Logger.msg
```

还是站在 ROS 的角度，使用"rosed"命令可以直接编辑某个包下的文件，例如，在当前用户主目录下可以直接编辑"roscpp"包下的"msg"文件。这样就避免了每次一定要进入特定目录下去编辑。具体格式如下：

```
rosed<package-or-stack>filename
```

2）ROS 执行命令介绍如下。

roscore：开启 master+rosout+parameter server。

rosrun：运行单个节点。

roslaunch：运行多个节点及设置运行选项。

rosclean：检查或删除 ROS 日志文件。

为了更直观地说明"roscore"命令，引用官方解释：roscore is a collection of nodes and programs that are pre-requisites of a ROS-based system. You must have a roscore running in order for ROS nodes to communicate. It is launched using the roscore command。使用方法：直接输入 roscore 即可，当然也直接接受参数，例如，后面可以添加"-p xxx"，设置服务监听的端口。如果指定的端口和环境变量中设置的端口不同，那么会出现如下错误信息：

```
uptech@ uptech-jhj:~ $ roscore-p 1234
...
```

```
WARNING: ROS_MASTER_URI port [11311] does not match this roscore
[1234]
auto-starting new master
process[master]: started with pid [41264]
ROS_MASTER_URI=http://192.168.88.8:1234/
```

为避免这样的错误，可以在".bashrc"程序中修改，也可以临时改变，格式如下：

```
export ROS_MASTER_URI=http://IP地址:1234/
```

只有"roscore"命令启动之后，其他节点才能进行交互和通信。所以，在后面的操作中，需要首先运行"roscore"命令，为了更简单，前面环境设置好端口，后面所有的运行直接输入"roscore"即可。

命令运行格式：

```
roscore [选项]
rosrun [功能包名称] [节点名称]
roslaunch [功能包名称] [launch文件名]
rosclean [选项]
```

"rosrun"等其他命令这里不再详述，请读者自行实验。

3）ROS信息命令介绍如下。

rostopic：查看ROS话题信息。

rosservice：查看ROS服务信息。

rosnode：查看ROS节点信息。

rosparam：确认和修改ROS参数信息。

rosmsg：显示ROS消息类型。

rossrv：显示ROS服务类型。

rosbag：记录和回放ROS消息。

rosversion：显示ROS功能包的版本信息。

roswtf：检查ROS。

"rostopic list"内容如图5-15所示。

从图5-15可以看出terminator的优点，即通过分屏直接显示多个工作窗口。前面介绍了"roscore"命令会启动"rosout"命令，这里使用"rostopic list"命令来显示当前系统的topic。"list"参数比较重要，在对当前系统不明确时可以使用"rostopic list"命令显示主题，了解系统的主题。下面分别介绍不同的消息命令对应的命令说明。

① rostopic [选项] 介绍如下。

list：列出活动话题

echo [话题名称]：实时显示指定话题的消息内容。

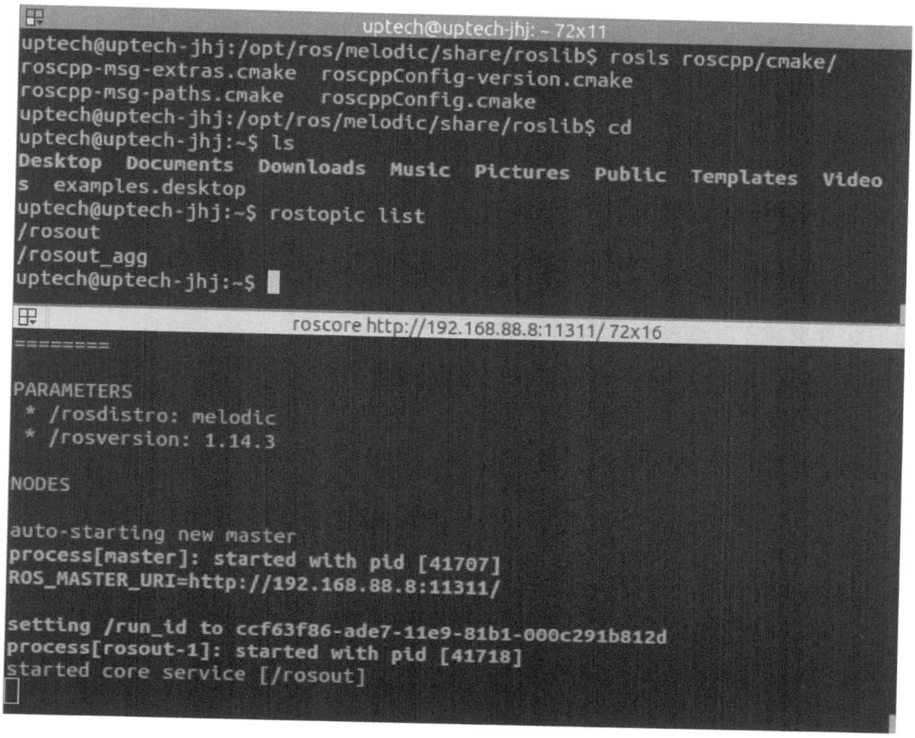

图 5-15　"rostopic list" 内容

find［类型名称］：显示使用指定类型的消息的话题。

type［话题名称］：显示指定话题的消息类型。

bw［话题名称］：显示指定话题的消息类型。

hz［话题名称］：显示指定话题的消息数据发布周期。

info［话题名称］：显示指定话题的消息。

pub［话题名称］［消息类型］［参数］：用指定的话题名称发布消息，一般会另开一个终端操作。

② rosservice［选项］介绍如下。

list：显示活动的服务信息。

info［服务名称］：显示指定服务的信息。

type［服务名称］：显示服务类型。

find［服务类型］：查找指定服务类型的服务。

uri［服务名称］：显示 ROSRPC URI 服务。

args［服务名称］：显示服务参数。

call［服务名称］［参数］：用输入的参数请求服务，通常用于测试服务。

③ rosnode［选项］介绍如下。

list：查看活动的节点列表。

ping［节点名称］：与指定的节点进行连接测试。

info［节点名称］：查看指定节点的信息。

machine［PC 名称或 IP］：查看该 PC 中运行的节点列表。

kill［节点名称］：停止指定节点的运行。

cleanup：删除失连节点的注册信息。

④ rosparam［参数］：介绍如下。

list：查看参数列表。

get［参数名称］：获取参数值。

set［参数名称］：设置参数值。

dump［文件名称］：将参数保存到指定文件。

load［文件名称］：获取保存在指定文件中的参数，经常使用。

delete［参数名称］：删除参数。

⑤ rosmsg［参数］介绍如下。

list：显示所有消息。

show［消息名称］：显示指定消息。

md5［消息名称］：显示 md5sum。

package［功能包名称］：显示指定功能包的所有消息。

packages：显示使用消息的所有功能包。

⑥ rossrv［参数］介绍如下。

list：显示所有服务。

show［服务名称］：显示指定的服务信息。

md5［服务名称］：显示 md5sum。

package［功能包名称］：显示指定的功能包中用到的所有服务。

packages：显示使用服务的所有功能包。

⑦ rosbag［参数］介绍如下。

record［选项］［话题名称］：将指定话题的消息记录到 bag 文件中。

info［文件名称］：查看 bag 文件的信息。

play［文件名称］：回放指定的 bag 文件，这个经常使用。

compress［文件名称］：压缩指定的 bag 文件。

decompress［文件名称］：解压指定的 bag 文件。

filter［输入文件］［输出文件］［选项］：生成一个删除了指定内容的新的 bag 文件。

reindex bag［文件名称］：刷新索引。

check bag［文件名称］：检查指定的 bag 文件是否能在当前系统中回放。

fix［输入文件］［输出文件］［选项］：将由于版本不同而无法回放的 bag 文件修改为可以回放的文件。

4）实操如下：

```
uptech@uptech-jhj:~$ rostopic echo /turtle1/cmd_vel
linear:
```

```
    x: 2.0
    y: 0.0
    z: 0.0
angular:
    x: 0.0
    y: 0.0
    z: 0.0
```

根据前面的说明，"rostopic echo"命令用于将某个 topic 的消息打印到屏幕，这种方式对于调试很有用，可以直观地看到 topic 发送的具体内容。对于上面这个结果还是使用前面的"turtlesim"包，运行"roscore"命令，然后运行"turtlesim_node"节点，再运行"turtle_teleop_key"节点用于控制乌龟，然后使用"rostopic"命令的"echo"方式将消息打印到屏幕。

"rostopic echo"命令实例如图 5-16 所示。

图 5-16　"rostopic echo"命令实例

如图 5-16 所示，具体的过程是运行这些节点，然后按键盘的方向键实现乌龟的移动，当乌龟移动的时候会打印"linear""angular"参数。为了节省篇幅，后面会尽可能地不截图。

```
uptech@ uptech-jhj:~ $ rostopic type /turtle1/cmd_vel
geometry_msgs/Twist
```

使用"rostopic type"命令可以查看具体的消息类型。然后查看一下具体的消息：

```
uptech@ uptech-jhj:~ $ rosmsg show geometry_msgs/Twist
geometry_msgs/Vector3 linear
    float64 x
```

```
    float64 y
    float64 z
geometry_msgs/Vector3 angular
    float64 x
    float64 y
    float64 z
```

"rosmsg"命令可以显示指定的消息,例如,这里可以看到具体的消息定义,要发布的消息是什么样的,然后就可以使用"rostopic pub"命令发布:

```
rostopic pub-1 /turtle1/cmd_vel geometry_msgs/Twist--'[2.0,0.0,0.0]'
'[0.0,0.0,1.8]'
```

"rostopic pub"命令发布消息后,可以看到乌龟做弧线运动,说明消息发布成功。"pub"后面的"-1"是只发布一次的意思,后面是对应的主题,表示要将这个消息发布给谁,再后面是发布消息的类型。前面已经说明,可以通过方向键控制乌龟运行,接下来使用"rostopic hz"命令查看按键消息发布频率:

```
uptech@uptech-jhj:~ $ rostopic hz /turtle1/cmd_vel
subscribed to [/turtle1/cmd_vel]
no new messages
average rate: 1.142
    min: 0.370s max: 1.381s std dev: 0.50522s window: 3
average rate: 1.518
    min: 0.225s max: 1.381s std dev: 0.51404s window: 4
no new messages
```

可以看到消息定期发送,当没有方向键按下的时候显示"no new messages",当方向键按下后,会定时发送新的 message。官方解释: rostopic hz reports the rate at which data is published。下面的步骤不再详细说明,以操作实例为主,知道命令、理解操作即可。

列表显示当前的所有服务:

```
uptech@uptech-jhj:~ $ rosservice list
/clear
/kill
/reset
/rosout/get_loggers
/rosout/set_logger_level
/spawn
/teleop_turtle/get_loggers
```

```
/teleop_turtle/set_logger_level
/turtle1/set_pen
/turtle1/teleport_absolute
/turtle1/teleport_relative
/turtlesim/get_loggers
/turtlesim/set_logger_level
```

如需进一步了解服务，可以使用"info"命令：

```
uptech@ uptech-jhj:~ $ rosservice info /turtle1/teleport_relative
Node: /turtlesim
URI: rosrpc://192.168.88.8:48109
Type: turtlesim/TeleportRelative
Args: linear angular
```

显示节点列表：

```
uptech@ uptech-jhj:~ $ rosnode list
/rosout
/teleop_turtle
/turtlesim
```

查看某台机器上运行的节点信息：

```
uptech@ uptech-jhj:~ $ rosnode machine 192.168.88.8
/rosout
/teleop_turtle
/turtlesim
```

同样地，可以使用"rosnode info"命令查看具体节点的信息等。读者可将"rosparam""rosmsg""rossrv""rosbag"等依次做一遍。

5）ROS catkin 命令介绍如下。

catkin_create_pkg：创建功能包。示例命令：catkin_create_pkg［功能包名称］［依赖性功能包 1］［依赖性功能包 2］…）。

catkin_make：基于 catkin 系统构建。示例命令：catkin_make-pkg［包名］，用于只构建一部分功能包。

catkin_eclipse：对于用 catkin 构建系统生成的功能包进行修改，使其能在 Eclipse 环境中使用。

catkin_prepare_release：在发布时用到的日志整理和版本标记。

catkin_generate_changelog：在发布时生成或更新"CHANGLOG. rst"文件。

catkin_init_workspace：初始化 catkin 构建系统的工作目录。

catkin_find：搜索 catkin，找到并显示工作空间。

6）ROS 功能包命令介绍如下。

rospack <command> ［options］［package］：查看与 ROS 功能包相关的信息，可以使用 "find" "list" "depend-on" "depends" "profile" 等选项。

rosinstall ［OPTIONS］ INSTALL_PATH ［ROSINSTALL FILES OR DIRECTORIES］：安装 ROS 附加功能包。

rosdep ［options］ <command> <args>：安装该功能包的依赖性文件，可以安装 "check" "install" "init" "update" 等文件。

roslocate <command> <resource> <options>：ROS 功能包信息相关命令，可以使用 "info" "vcs" "type" "uri" 等选项。

"rospack" 命令对于初学者来说是很有用的，例如，查看某个包依赖哪些包：

```
uptech@ uptech-jhj:~ $ rospack depends turtlesim
cpp_common
rostime
roscpp_traits
roscpp_serialization
catkin
genmsg
....
```

查看某个包是否存在，如果存在，查看具体的路径：

```
uptech@ uptech-jhj:~ $ rospack list |grep turtlesim
turtlesim /opt/ros/melodic/share/turtlesim
```

查看某个功能包的位置信息：

```
uptech@ uptech-jhj:~ $ roslocate info turtlesim
Using ROS_DISTRO:melodic
- git:
    local-name:turtlesim
    uri:https://github. com/ros/ros_tutorials. git
    version:melodic-devel
```

"roslocate" 命令不仅可以找到当前 PC 已经存在的包，还可以找到不存在的包，前提是联网，"github" 上存在的包。具体操作：

```
uptech@ uptech-jhj:~ $ rospack list |grep rplidar_ros
uptech@ uptech-jhj:~ $ rospack find rplidar_ros
```

```
[rospack] Error:package'rplidar_ros'not found
uptech@ uptech-jhj:~ $ roslocate info rplidar_ros
Using ROS_DISTRO:melodic
- git:
     local-name:rplidar_ros
     uri:https://github.com/Slamtec/rplidar_ros.git
     version:master
```

这里是搜索一个雷达的"ros"包，前面使用"rospack list""find"命令均不在本地找到，使用"roslocate"命令可以找到对应的"uri"内容，如果需要，则可以安装或者克隆。以安装为例：

```
uptech@ uptech-jhj:~ $ sudo apt install ros-melodic-rplidar-ros
uptech@ uptech-jhj:~ $ rospack find rplidar_ros
/opt/ros/melodic/share/rplidar_ros
uptech@ uptech-jhj:~ $ rospack list |grep rplidar_ros
rplidar_ros /opt/ros/melodic/share/rplidar_ros
```

当系统安装了"rplidar_ros"包后，就可以使用上述两个命令找到了。在机器人编程的过程中，很多时候需要将某个外设相关的节点包含在自己的工作空间，而这些节点已经有相关的源码，可能需要适当修改，这种情况一般是克隆到自己的工作空间，那么使用"roslocate"命令可以查找"uri"内容。

6. 实验总结

本次实验主要是熟悉 Ubuntu 系统、ROS，没有编码的部分，但是 ROS 命令比较多，需要自己不断练习、理解，才能更好地掌握，进而提高开发效率，更加科学地调试程序，提高自身的 ROS 基本实用技能。

5.3.2　实验二：基于 topic 的通信实验

1. 实验环境
- 硬件：PC。
- 软件：ROS、PC 运行 ROS 系统、Xshell。

2. 实验目的
- 了解 ROS 的 topic。
- 了解 ROS 中基于 topic 的通信方式。
- 了解命令行与 IDE 创建的区别。

3. 实验内容

基于 ROS 的 topic 通信实现本次实验。模拟 GPS 信息，以 1Hz 的频率发送坐标信息，创建一个节点，用于解析并计算距离。用 Python 和 C++两种语言分别实现。使用 IDE 和命令行两种方式来完成本次实验。

4. 实验原理

（1）基础环境　在进行本次实验之前，需要确保 ROS 开发环境已经正确安装，基本的 ROS 命令会使用。

（2）原理简述　模拟 GPS 信息模块，周期性地上报 GPS 信息，通过 C++、Python 实现发布端，发布内容为 GPS 信息；同样的方式实现订阅端在得到消息后能够进行处理，计算 GPS 模块到原点（0，0）的距离。

5. 实验步骤

（1）创建工程　使用命令行创建：

```
uptech@ uptech-jhj:~/catkin_ws/src $ catkin_create_pkg exp_topic
roscpp rospy message_generation
uptech@ uptech-jhj:~/catkin_ws/src $ cd exp_topic
uptech@ uptech-jhj:~/catkin_ws/src/exp_topic $ mkdir src msg scripts
uptech@ uptech-jhj:~/catkin_ws/src/exp_topic $ ls
CMakeLists.txt  include  msg  package.xml  scripts  src
```

此时基本的目录框架就建立完成，向"scripts""msg""src"文件夹中放置对应的文件，然后修改"CMakeLists.txt"文件即可。

使用 IDE 的方法创建工程：新建或打开工作空间，然后单击"创建 ROS 包"按钮，包名填写"exp_topic"，然后创建"msg""scripts"等文件夹，再添加 CPP 源文件、msg 文件等，此时工程框架创建完毕，效果如图 5-17 所示。

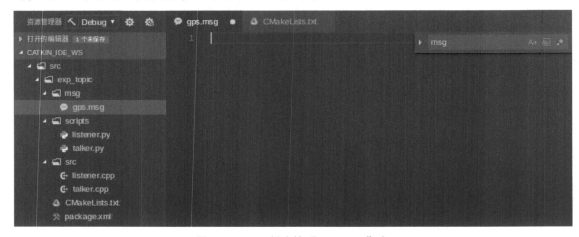

图 5-17　IDE 创建的"exp_topic"包

为了实验的一致性，命令行创建使用同 IDE 创建的"exp_topic"相同的文件名，最后效果如下：

```
├── CMakeLists.txt
├── include
│   └── exp_topic
```

```
├──── msg
│    └──── gps.msg
├──── package.xml
├──── scripts
│    ├──── listener.py
│    └──── talker.py
└──── src
      ├──── listener.cpp
      └──── talker.cpp
```

（2）编码　将工程及文件名创建完成后进行编码。"src"文件夹中存放 C++ 源文件，"scripts"文件夹中存放 Python 代码，"msg"文件夹中存放自定义 msg 文件。使用命令行与使用 IDE 方法类似，区别仅为编辑器一个使用 IDE，一个使用 vim 编辑器。首先创建"gps. msg"文件：

```
string state
float32 x
float32 y
```

为了模型简单直观，这里使用简化版的 GPS 格式数据（实际的 GPS 包含精度、维度、高度、时间等信息），以二维平面的 x、y 值来表征当前的坐标，添加一个 string 类型的状态信息，如当前工作状态等。接下来添加 C++ 源码，在"src"目录下打开"listener.cpp"文件，输入如下内容：

```
//ROS 头文件
#include <ros/ros.h>
//包含自定义 msg 产生的头文件
#include <exp_topic/gps.h>
//ROS 标准 msg 头文件
#include <std_msgs/Float32.h>

void gpsCallback(const exp_topic::gps::ConstPtr &msg)
{
    //计算离原点(0,0)的距离
    std_msgs::Float32 distance;
    distance.data = sqrt(pow(msg->x,2)+pow(msg->y,2));
    //float distance = sqrt(pow(msg->x,2)+pow(msg->y,2));
     ROS _ INFO ( " Listener: Distance to origin = % f, state:% s ",
distance. data,msg->state. c_str());
    }
```

```
int main(int argc,char * *argv)
{
  ros::init(argc,argv,"listener");
  ros::NodeHandle n;
  ros::Subscriber sub = n.subscribe("gps_info",1,gpsCallback);
  //ros::spin()用于调用所有可触发的回调函数。将进入循环,不会返回,类似于
在循环里反复调用ros::spinOnce()。
  ros::spin();
  return 0;
}
```

这部分代码用于创建一个"listener"节点,订阅"gps_info"主题,当接收到消息后计算当前 GPS 与原点(0,0)之间的距离,然后使用"ROS_INFO"命令打印出来。接下来编辑发布节点的代码:

```
//ROS 头文件
#include <ros/ros.h>
//自定义 msg 产生的头文件
#include <exp_topic/gps.h>

int main(int argc,char * *argv)
{
//用于解析 ROS 参数,第三个参数为本节点名
ros::init(argc,argv,"talker");
//实例化句柄,初始化 node
ros::NodeHandle nh;
//自定义 gps msg
exp_topic::gps msg;
msg.x = 1.0;
msg.y = 1.0;
msg.state = "working";
//创建 publisher
ros::Publisher pub = nh.advertise<exp_topic::gps>("gps_info",1);
//定义发布的频率
ros::Rate loop_rate(1.0);
//循环发布 msg
while (ros::ok())
{
    //以指数增长,每隔 1s 更新一次
```

```
        msg.x = 1.03 * msg.x ;
        msg.y = 1.01 * msg.y;
        ROS_INFO("Talker:GPS:x = %f,y = %f ", msg.x ,msg.y);
        //以 1Hz 的频率发布 msg
        pub.publish(msg);
        //根据前面定义的频率,sleep 1s
        loop_rate.sleep();//根据前面的定义的 loop_rate,设置 1s 的暂停
    }
    return 0;
}
```

发布节点初始化为"talker",初始化 GPS 信息,接着设置发送频率,按照一定的倍率增加 x、y 的值,使它们随着时间的推移逐步变大,然后将当前的 GPS 信息打印并发布出去。按照同样的步骤编写 Python 文件:

```python
#!/usr/bin/env python
#coding=utf-8
import rospy
import math
#导入 mgs 到 pkg 中
from exp_topic.msg import gps


#回调函数输入的应该是 msg
def callback(gps):
    distance = math.sqrt(math.pow(gps.x,2)+math.pow(gps.y,2))
    rospy.loginfo('Listener:GPS:distance = %f,state = %s',distance,
gps.state)


def listener():
    rospy.init_node('pylistener',anonymous=True)
    #Subscriber 函数第一个参数是 topic 的名称,第二个参数是接收的数据类型,第三个参数是回调函数的名称
    rospy.Subscriber('gps_info',gps,callback)
    rospy.spin()


if __name__ == '__main__':
    listener()
```

Python 代码和前面的 C++代码一样,都是创建一个"node"节点,然后订阅"gps_

info"主题，当接收到信息进行处理，再打印距离信息。

（3）修改"CMakeLists. txt"及"package. xml"的内容　对于"package. xml"，主要修改 version、maintainer、license 的内容，具体如下：

```
<version>0. 0. 1</version>
<maintainer email="jianghj@up-tech.com">jianghj</maintainer>
<license>BSD</license>
```

对"package. xml"的修改不是必须进行的，默认值也能运行。如果是命令行，则需要添加一句话：

```
<exec_depend>message_generation</exec_depend>
```

修改"CMakeLists. txt"的时候需要注意，使用 IDE 创建的工程无需修改，只要创建文件没有问题，"CMakeLists. txt"中的内容就是对的。对于使用命令行创建的工程，修改方法：打开"CMakeLists. txt"文件，复制"add_executable（ ${PROJECT_NAME} _node src/exp_topic_node. cpp）"后粘贴一次，然后将"${PROJECT_NAME}_node"改成"listener"，将"src/exp_topic_node. cpp"改成"src/listener. cpp"。对 talker 做同样修改，修改后如下：

```
add_executable(talker    src/talker.cpp )
add_executable(listener  src/listener.cpp )
```

接下来打开"add_dependencies（...）"语句，再打开"target_link_libraries"语句，修改方式与上面修改可执行程序类似，最后效果如下：

```
add_dependencies(talker $ { $ {PROJECT_NAME}_EXPORTED_TARGETS} $
{catkin_EXPORTED_TARGETS})
  add_dependencies(listener $ { $ {PROJECT_NAME}_EXPORTED_TARGETS }
$ {catkin_EXPORTED_TARGETS})

## Specify libraries to link a library or executable target against
target_link_libraries(talker
    $ {catkin_LIBRARIES}
  )
  target_link_libraries(listener
    $ {catkin_LIBRARIES}
)
```

实验中使用了"msg"文件，在"CMakeLists. txt"文件中需要修改对应的部分，找到"add_message_files"，然后打开并将默认的"msg"文件改成刚才定义的"gps. msg"文件：

```
add_message_files(
FILES
    gps.msg
#   Message2.msg
)
```

如前所述，添加了"msg"文件，仅仅是"add_message_files"还不够，还需要打开下面的语句：

```
generate_messages(
    DEPENDENCIES
    std_msgs  # Or other packages containing msgs
)
```

此外，需要打开"catkin_package"文件，效果如下：

```
catkin_package(
#  INCLUDE_DIRS include
#  LIBRARIES exp_topic
  CATKIN_DEPENDS message_generation roscpp rospy
#  DEPENDS system_lib
)
```

至此，"CMakeLists. txt"文件修改完毕，可以退出到工作目录进行编译。在进行编译之前，应先解释一下"package. xml"和"CMakeLists. txt"修改的内容。

本次实验以 IDE 和命令行两种方式进行，IDE 在操作方面简单很多，命令行相对比较复杂，但使用命令行会大大提高用户的技能水平。无论是 IDE 还是命令行方式，都会自动创建一个"CMakeLists. txt"文件，IDE 的方式会随着后续的操作继续修改，而命令行方式不再修改，如果有必要，则需要手动修改，不过创建的"CMakeLists. txt"文件包含几乎所有节点元素，修改的时候只需要进行打开或关闭、复制、修改等操作，相对来说还是比较方便的。

（4）编译　首先需要配置构建选项，如图 5-18 所示，前面 4 个是本地构建选项，中间 4 个是远程构建选项（带有"remote"的选项），最后一个是远程部署选项，远程部署是将目标文件运行在目标平台上。"Debug"和"Release"选项分别表示构建调试版和发布版，默认构建方式为本地构建。带有"isolated"的选项表示利用"catkin_make_isolated"命令进行构建。带有"remote"的选项表示进行远程构建。"Remote Deploy"选项表示部署本地代码到远程计算机。这里选择"Debug"选项，然后单击"构建"按钮。

单击如图 5-19 所示的锤子形按钮，然后单击"输出"按钮，此时显示的信息如果没什么问题，则继续等待构建完成即可。

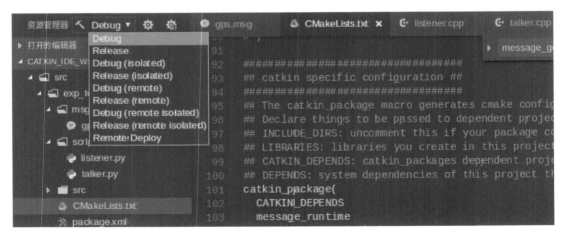

图 5-18　构建选项

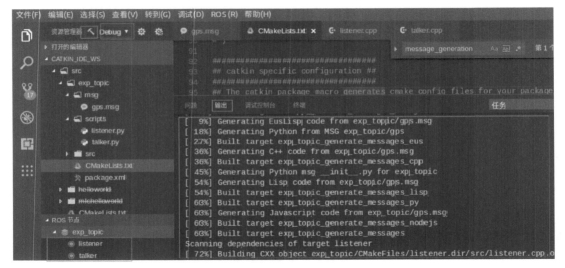

图 5-19　构建

命令行构建方式：

```
uptech@uptech-jhj:~/catkin_ws $ catkin_make
....
[ 84%] Building CXX object exp_topic/CMakeFiles/talker.dir/src/
talker.cpp.o
[100%] Linking CXX executable /home/uptech/catkin_ws/devel/lib/
exp_topic/talker
[100%] Linking CXX executable /home/uptech/catkin_ws/devel/lib/
exp_topic/listener
[100%] Built target talker
[100%] Built target listener
```

命令行构建和 IDE 构建输出信息一致，最终会在工作空间的"devel/lib/exp_topic/"目录下生成对应的可执行文件，即 ROS 中的 node。

（5）运行 在 IDE 下可以使用 IDE 运行节点，也可以使用命令行运行节点。为了更直观，还是使用命令行。编译结束的时候可以看见生成了"talker"和"listener"两个节点，下面就来运行这两个节点。

在运行之前先确保环境正常，需要采用"source devel/setup. bash"，然后在终端 1 运行"roscore"节点，在终端 2 运行"talker"节点，在终端 3 运行"listener"节点。具体命令如下：

```
uptech@ uptech-jhj:~/catkin_ws $ roscore
uptech@ uptech-jhj:~/catkin_ws $ rosrun exp_topic talker
uptech@ uptech-jhj:~/catkin_ws $ rosrun exp_topic listener
```

在环境搭建过程中有使用 ssh 登录工具的安装，就以最常用的 Xshell（sourceCRT 等都可以）为例，介绍使用 Xshell 运行 ROS 节点。下面将介绍 Xshell 的配置。

Xshell 登录远端计算机的基本配置如图 5-20 所示。单击展开"连接"设置页面，设置"名称"为"sshtest"。"协议"选择 SSH，Xshell 支持的协议比较多，选择自己需要的即可，"主机"文本框填写 IP 地址，即搭建好 ROS 环境的 Ubuntu 主机的 IP，需要到对应主机上去查看。"端口号"默认为 22，不需要修改。

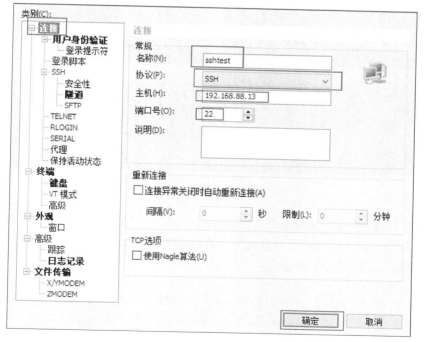

图 5-20 Xshell 的配置

配置好后单击"确定"按钮，然后在弹出的对话框中输入用户名和密码，注意是要登录那台机器的用户名和密码，例如，输入用户名"uptech"和密码"123456"即可登录。也可以单击图 5-20 所示界面的"用户身份验证"，事先填好用户名和密码，这样就不用每次登录都输入用户名和密码了。如果使用 Xshell 登录，执行的程序带界面，可能会执行失败，在图 5-20 所示界面中将"SSH"下的"隧道"界面中 X11 转移框中的 X11 连接到 Xmanager，配合 X11，可以直接将远端机器的 UI 连接到当前桌面。更多关于 Xshell 如何使用的信息需要自己查阅 Xshell 的相关内容。

Xshell 可以类似 terminator 将窗口划分成几个小窗口。在 Xshell 中，直接拖拽窗口到想要放置的区域即可。可以在 table 条目上右击，选择"复制渠道"选项，这样可以更快捷地打开多个终端，然后以拖拽的方式将各个窗口平铺在当前窗口。可以在每个窗口执行"source devel/setup. bash"命令，也可以将"source catkin_ws/devel/setup. bash"添加到"~/. bashrc"中，这样就不用每次都执行"source"命令了（因为每打开一个终端，用户目录下的". bashrc"命令都会被执行一次）。Xshell 的效果如图 5-21 所示。

运行 ROS 节点的方法与 terminator 里完全一致，C++节点运行效果如图 5-22 所示。根据源码设置的交互信息是模拟的 GPS 信息，即包含 x、y 的数值对，在"talker"窗口打印；"listener"节点接收到消息后根据 x、y 的值计算当前 (x, y) 到坐标原点 $(0, 0)$ 之间的距离，输出"distance"到"listener"窗口。

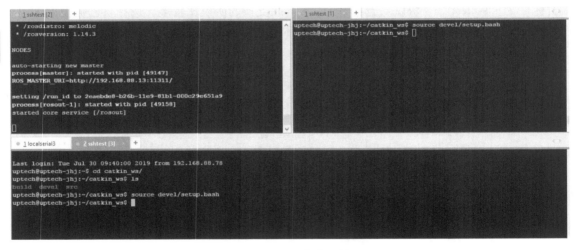

图 5-21　Xshell 多窗口效果

接下来将"talker"和"listener"节点改成 Python 编写的节点。为了实验现象直观，将刚运行的"talker"和"listener"节点关闭（在终端下按<Ctrl+C>键），"roscore"节点无需重启。在终端输入下面的命令并运行：

```
uptech@uptech-jhj:~/catkin_ws $ rosrun exp_topic talker.py
uptech@uptech-jhj:~/catkin_ws $ rosrun exp_topic listener.py
```

注意：如果按<Tab>键不自动显示". py"结尾的节点，很可能是没有可执行权限，通过命令修改". py"文件为可执行的即可。Python 节点运行效果如图 5-23 所示。

本实验传输的是模拟 GPS 信息，可以使用多个节点 pub 与一个节点 sub，或者一个节点 pub 与多个节点 sub，也可以 C++、Python 节点混用，具体运行效果自行测试。

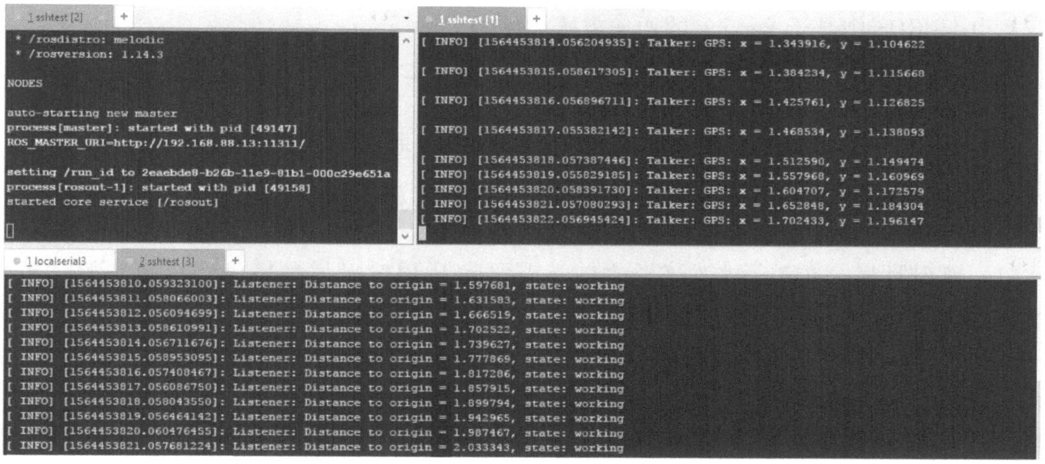

图 5-22　C++节点运行效果

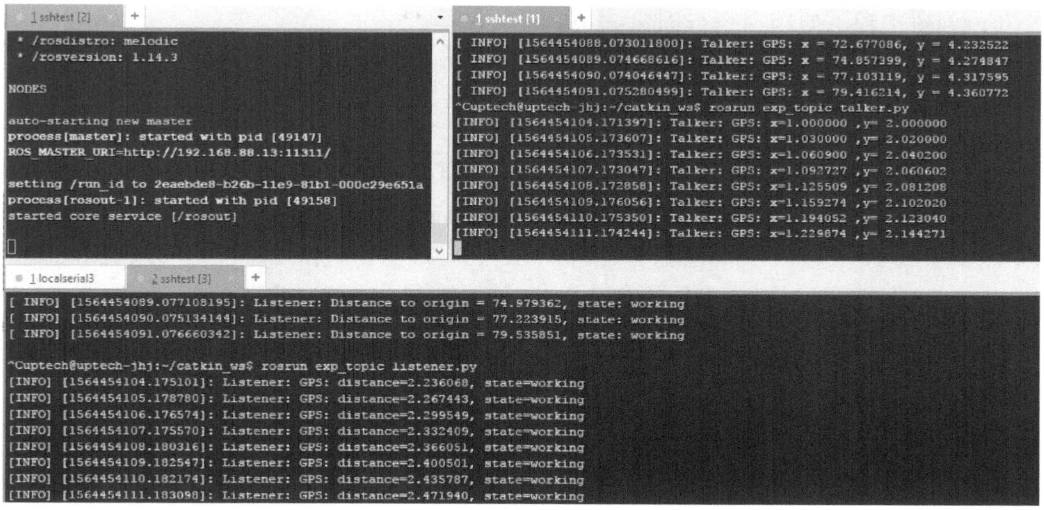

图 5-23　Python 节点运行效果

6. 实验总结

通过本次实验，了解了 IDE 与命令行创建工程的差异性，也了解它们各自的优缺点。以模拟的 GPS 设备为出发点进行实验，而对于实际的具有丰富外设的 ROS，将本实验的 GPS 格式改成对应的设备消息格式即可。本次实验使用 topic 通信，即 ROS 中的异步通信，它是 ROS 中的核心通信机制之一。

5.3.3　实验三：基于 service 的通信实验

1. 实验环境

- 硬件：PC。
- 软件：ROS 系统、PC 运行 ROS 系统、Xshell。

2. 实验目的

- 了解 ROS 的 srv 命令。

- 了解 ROS 中基于 Service 的通信方式。
- 熟悉 ROS 的开发流程。

3. 实验内容

基于 ROS 的 service 通信实现本次实验。编写一个服务节点，用于接收客户端的请求；编写一个客户端节点，用于向服务端发出请求。

4. 实验原理

（1）基础环境　在进行本次实验之前，需要确保 ROS 开发环境已经正确安装，基本的 ROS 命令会使用。

（2）原理简述　ROS 提供多种通信方式，其中 service 是 ROS 最常用的一种通信方式，实验主要是了解 ROS 中基于 service 方式的同步通信方式。编写一个服务端，用于提供请求服务；编写一个客户端，用于向服务端发出服务请求，体现一个完整的 service 交互模型。

5. 实验步骤

（1）创建工程　使用命令行创建：

```
uptech@uptech-jhj:~/catkin_ws/src $ catkin_create_pkg exp_service roscpp rospy message_generation
uptech@uptech-jhj:~/catkin_ws/src $ cd exp_service
uptech@uptech-jhj:~/catkin_ws/src/exp_service $ mkdir src srv scripts
uptech@uptech-jhj:~/catkin_ws/src/exp_service $ ls
CMakeLists.txt  include  srv package.xml  scripts  src
```

此时基本的目录框架建立完成，向"scripts""srv""src"文件夹下放对应的文件，然后修改"CMakeLists.txt"文件。使用 IDE 的方法创建工程：新建或打开工作空间，然后创建 ROS 包，包名填写"exp_service"，然后创建"srv"文件夹、"scripts"文件夹等，再添加 CPP 源文件、srv 文件等，此时工程框架创建完毕，效果如图 5-24 所示。

图 5-24　IDE 创建的"exp_service"包

为了实验的一致性，命令行创建使用同 IDE 创建的"exp_service"相同的文件名，最后效果如下：

```
src/exp_service/
|-- CMakeLists.txt
|-- include
|   `-- exp_service
|-- package.xml
|-- scripts
|   |-- client_demo.py
|   `-- server_demo.py
|-- src
|   |-- client.cpp
|   `-- server.cpp
`-- srv
    `-- Greeting.srv
```

（2）编码　通过上面的步骤将工程及文件名创建出来了，接下来是编码。首先创建"Greeting. srv"文件：

```
string name
int32 age
---
string feedback
```

service 通信中的服务端、客户端与 topic 通信类似，但 topic 节点间平等，没有服务和请求这一说，service 通信就好比 C/S 架构的小程序，需要有一个 server，还需要一个 client，client 发出请求，server 处理，并且一般 server 端先启动。同样的，在 ROS 中基于 service 的通信也是这样，不过 ROS 不像 C 语言那么随意，需要事先定义好请求和返回，事先定义就是这里的 srv 文件。举个简单的例子，新生报到时介绍自己叫什么、来自哪里，老师知道后会告诉新生坐下，这样就可以写一个学生和老师的 service 交互例子。Greeting. srv 是按照这种思路定义的，客户端需要上报自己的名字、年龄，服务器收到后和客户端打招呼。请求和响应使用 3 个 "-" 隔开，前面是请求，后面是响应。

使用 C++语言实现 server、client 的代码应该放在 "src" 目录下，使用 Python 语言实现的应该放在 "scripts" 目录下，在 "src" 目录下创建 "server. cpp" 文件，输入如下内容：

```
# include "ros/ros. h"
# include "exp_service/Greeting. h"
# include "string"

// 定义请求处理函数
```

```
bool handle_function(exp_service::Greeting::Request &req,
          exp_service::Greeting::Response &res)
{
// 此处对请求直接输出
ROS_INFO("Request from %s with age %d ",req.name.c_str(),req.age);

// 返回一个反馈,将 response 设置为"..."
res.feedback = "Hi " + req.name + ". I'm server!";
return true;
}

int main(int argc,char * * argv)
{
// 初始化节点,命名为"greetings_server"
ros::init(argc,argv,"greetings_server");

// 定义 service 的 server 端,service 名称为"greetings",收到 request 请
求之后传递给 handle_function 进行处理
ros::NodeHandle nh;
ros::ServiceServer service = nh.advertiseService("greetings",han-
dle_function);

// 回调函数
ros::spin();

return 0;
}
```

代码和实验二的代码风格一致,首先写 main( ) 函数,然后添加一个回调函数即可。回调函数的参数是请求和响应,这两个参数是根据前面 srv 文件生成的对应类型,具体怎么生成的不用关心,就好比写 Android 应用程序的时候会自动生成 R 文件,不用关心且不能修改 R 文件的那些 ID 值一样。在回调函数中根据 req 调用 srv 文件定义的字段,可以简单地将 srv 文件理解为结构更简单的结构体,与实验一中的 "gps. msg" 文件功能类似。编译后生成的文件在 "devel/include/exp_service" 目录下。编译代码:

```
devel/include/exp_service/
|-- Greeting.h
|-- GreetingRequest.h
`-- GreetingResponse.h
```

具体的源码查看这 3 个 ".h" 文件,这 3 个文件具体实现是 "xxxRequest.h" 和 "xxresponse. h" 文件，"xxx. h" 文件用来调用、管理另外两个 ". h" 文件。它们好比一个小团队，接了一个项目，这个项目就是 srv 文件，要求实现对应的功能，"xxx. h" 就好比是开发组的组长，"xxxRequest" 和 "xxxResponse" 就好比是组员，项目做完了需要交接，此时一般都由组长负责交接，他清楚整个项目的情况，下面的组员只知道自己干的那一部分。并且这是一个很负责的团队，项目能完全按照要求完成，因此在 ROS 开发中不需要干预、关心这个 Request 和 Response 怎么实现的，直接用就可以了（实验二中的 GPS 也可以这样理解）。

编辑 client 的代码：

```
# include "ros/ros. h"
# include "exp_service/Greeting. h"
int main(int argc,char **argv)
{
// 初始化,节点命名为"greetings_client"
ros::init(argc,argv,"greetings_client");

// 定义 service 客户端,service 名字为"greetings"
ros::NodeHandle nh;
ros::ServiceClient client = nh. serviceClient < exp_service::
Greeting>("greetings");

// 实例化 srv,设置其 request 消息的内容,这里 request 包含两个变量,name 和
age,见 Greeting. srv
exp_service::Greeting srv;
srv. request. name = "UP-TECH";
srv. request. age = 17;

if (client. call(srv))
{
    // 注意 response 部分中的内容只包含一个变量 response,另,注意将其转变
成字符串
    ROS_INFO ("Response from server:%s",srv. response. feedback. c_
str());
}
else
{
    ROS_ERROR("Failed to call service exp_service");
    return 1;
}
return 0;
}
```

无论是 client 还是 server，都需要包含 "Greeting. h" 头文件，客户端调用 call 方法发送

请求，参数为 Greeting 的请求参数，这里初始化"name"为"up-tech"，"age"为"17"，还可以从 response 中得到服务器返回的消息。这里需要注意的是将其转化为 C 类型的字符串后再输出。按照同样的步骤编写 Python 文件：

```python
#!/usr/bin/env python
# coding:utf-8
# 上面指定编码 utf-8,使 Python 能够识别中文
# 加载必需模块,注意 service 模块的加载方式,from 包名 . srv import *
# 其中 srv 指的是在包根目录下的 srv 文件夹,即 srv 模块
import rospy
from exp_service. srv import *


def server_srv():
    # 初始化节点,命名为 "greetings_server"
    rospy. init_node("greetings_server")
    # 定义 service 的 server 端,service 名称为"greetings",service 类型
为 Greeting
    # 收到的 request 请求信息将作为参数传递给 handle_function 进行处理
    s = rospy. Service("greetings",Greeting,handle_function)
    rospy. loginfo("Ready to handle the request:")
    # 阻塞程序结束
    rospy. spin()


# Define the handle function to handle the request inputs
def handle_function(req):
    # 注意,调用 request 请求内容与前面 client 端相似,都将其认为是一个对象
的属性,通过对象调用属性
    # 在定义的 Service_demo 类型的 service 中,request 部分的内容包含两个
变量,一个是字符串类型的 name,另外一个是整数类型的 age
    rospy. loginfo('Request from %s with age %d',req. name,req. age)
    # 返回一个 response 的对象,其包含的内容为 exp_ervice. srv 中定义的 re-
sponse 部分的内容
    #exp_ervice. srv 定义了一个 string 类型的变量,因此,此处实例化时传入字
符串即可
    return GreetingResponse("Hi %s. I' server!"%req. name)


    # 如果单独运行此文件,则将上面定义的 server_srv 作为主函数运行
    if __name__=="__main__":
    server_srv()
```

使用 Python 和 C++编写代码都是先创建一个服务，等待客户端请求，有客户端请求时就调用回调函数。处理函数打印请求参数，然后发送一条字符串给客户端。Python 版的 client 这里就不再列举了。

（3）修改 "CMakeLists. txt" 及 "package. xml" 的内容　对于 "package. xml"，主要修改 version、maintainer、license，具体如下：

```
<version>0. 0. 1</version>
<maintainer email = "jianghj@up-tech. com">jianghj</maintainer>
<license>BSD</license>
```

如果是命令行，需要添加一句话：

```
<exec_depend>message_generation</exec_depend>
```

需要注意，使用 IDE 创建的工程无需修改，只要创建文件没有问题，"CMakeLists. txt" 中的内容就是对的。对于使用命令行创建的工程，修改方法：打开 "CMakeLists. txt" 文件，复制 "add_executable($ |PROJECT_NAME| _node src/exp_service_node. cpp)" 后粘贴一次，然后将 " $ |PROJECT_NAME| _node" 改成 "server"，将 "src/exp_service_node. cpp" 改成 "src/ server. cpp"。对 client 做同样修改，修改后如下：

```
add_executable(server src/server.cpp)
add_executable(client src/client.cpp)
```

接下来打开 "add_dependencies(...)" 语句，再打开 "target_link_libraries" 语句，修改方式与上面修改可执行程序类似，最后效果如下：

```
add_dependencies(serve r $ { $ {PROJECT_NAME}_EXPORTED_TARGETS} $
{catkin_EXPORTED_TARGETS})
add_dependencies(client $ { $ {PROJECT_NAME}_EXPORTED_TARGETS} $
{catkin_EXPORTED_TARGETS})

## Specify libraries to link a library or executable target against
  target_link_libraries(server
    $ {catkin_LIBRARIES}
)
target_link_libraries(client
    $ {catkin_LIBRARIES}
)
```

实验中使用了 "srv" 文件，在 "CMakeLists. txt" 文件中需要修改对应的部分，找到 "add_service_files"，然后打开并将默认的 "srv" 文件改成刚才定义的 "Greeting. srv" 文件：

```
add_service_files(
    FILES
    Greeting.srv
  # Service2.srv
)
```

如前面所述，添加了"srv"文件，仅仅是"add_service_files"还不够，还需要打开下面的语句：

```
generate_messages(
    DEPENDENCIES
    std_msgs  # Or other packages containing msgs
)
```

此外，需要打开"catkin_package"文件，效果如下：

```
catkin_package(
#  INCLUDE_DIRS include
#  LIBRARIES exp_topic
   CATKIN_DEPENDS message_generation roscpp rospy
#  DEPENDS system_lib
)
```

至此，"CMakeLists.txt"文件修改完毕，可以退出到工作目录进行编译。在进行编译之前，应先解释一下"package.xml"和"CMakeLists.txt"修改的内容。

（4）编译 首先需要配置构建选项，如图 5-25 所示。这里选择"Debug"选项，然后单击"构建"按钮。

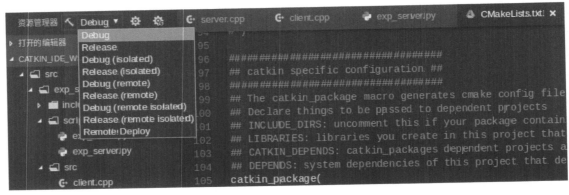

图 5-25　构建选项

单击如图 5-26 所示的锤子形按钮，然后单击"输出"按钮，此时显示的信息如果没什么问题，则继续等待构建完成即可。

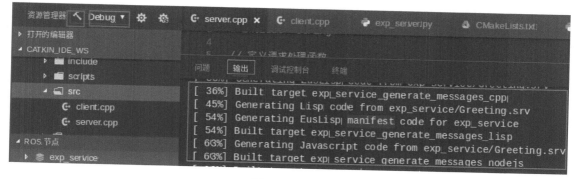

图 5-26 构建

命令行构建方式:

```
uptech@uptech-jhj:~/catkin_ws $ catkin_make
....
[ 70%] Building CXX object exp_service/CMakeFiles/server.dir/src/
server.cpp.o
[ 75%] Building CXX object exp_service/CMakeFiles/client.dir/src/
client.cpp.o
[ 79%] Linking CXX executable /home/uptech/catkin_ws/devel/lib/
exp_service/client
[ 79%] Built target client
[ 83%] Linking CXX executable /home/uptech/catkin_ws/devel/lib/
exp_service/server
[ 83%] Built target exp_topic_generate_messages
[ 91%] Built target listener
[100%] Built target talker
[100%] Built target server
```

命令行构建和 IDE 构建输出信息一致,最终会在工作空间的"devel/lib/exp_service/"目录下生成对应的可执行文件,即 ROS 中的 node。

(5)运行 编译结束时可以看见生成了"server"和"client"两个可执行程序,下面就来运行这两个程序。

在运行之前先确保环境正常,需要采用"source devel/setup.bash",然后在终端 1 运行"roscore"程序,在终端 2 运行"server"程序,在终端 3 运行"client"程序。service 通信是同步的,但应确保按步骤进行,具体命令如下。

终端 1:

```
uptech@uptech-jhj:~/catkin_ws $ chmod +x src/exp_service/scripts/*
uptech@uptech-jhj:~/catkin_ws $ roscore
```

终端 2：

```
uptech@uptech-jhj:~/catkin_ws $ rosrun exp_service server
[INFO] [1564538658.921769]:Ready to handle the request:
```

终端 3：

```
uptech@uptech-jhj:~/catkin_ws $ rosrun exp_service client
```

Python 节点的运行效果如图 5-27 所示。C 语言运行效果类似。

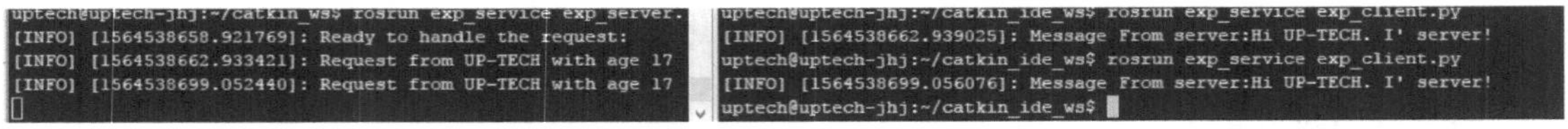

图 5-27　Python 节点的运行效果

为了实验现象直观，将刚运行的"exp_client. py"和"exp_server. py"关闭（在终端下按<Ctrl+C>）键，"roscore"节点无需重启。在终端输入下面的命令并运行：

```
uptech@uptech-jhj:~/catkin_ws $ rosrun exp_service client
uptech@uptech-jhj:~/catkin_ws $ rosrun exp_service server
```

本章实验一是 topic（主题）通信，topic 是 ROS 中的一种单向的异步通信方式。然而有些时候单向通信满足不了通信要求，例如，当一些节点只是临时而非周期性地需要某些数据时，采用 topic 通信方式就会消耗大量不必要的系统资源，造成系统的低效率、高功耗弊端。在这种情况下，请求-查询式的通信模型更合适，本次实验的 service 通信就是基于这样的情况做的一个示例。在实验的过程中，可以进一步练习 ROS 中的"rosservice list""rosservice info"等命令，查看一下具体的 service 列表、service 详细信息：

```
uptech@uptech-jhj:~ $ rosservice list
/greetings
/greetings_server/get_loggers
/greetings_server/set_logger_level
/rosout/get_loggers
/rosout/set_logger_level
```

使用"rosservice list"命令可以看到当前的服务列表，然后可以使用"rosservice info"加具体的服务查看详细信息：

```
uptech@uptech-jhj:~ $ rosservice info /greetings
Node:/greetings_server
URI:rosrpc://192.168.88.13:45257
Type:exp_service/Greeting
Args:name age
```

使用命令查看详细信息对理解他人的代码很有帮助，例如，刚拿到一台 ROS 机器人时不知道有哪些服务，便可以使用"rosservice list"命令查看服务列表，要想了解具体的参数等信息，则可以使用"info"命令查看。

6. 实验总结

通过本次实验，进一步了解了 IDE 与命令行创建工程的差异性。基于 ROS 的 service 通信与实验二的基于 topic 通信进行对比，应了解到异步通信与同步通信的不同，掌握基本的服务端、客户端的编写方法。通过简单的 srv 文件了解到其书写方法，体会了 service 通信的机理。

5.3.4　实验四：基于 action 的通信实验

1. 实验环境

- 硬件：PC。
- 软件：ROS 系统、PC 运行 ROS 系统、Xshell。

2. 实验目的

- 了解 ROS 的 action。
- 了解 ROS 中基于 action 的通信方式。
- 熟悉 ROS 的开发流程。

3. 实验内容

基于 ROS 的 action 通信实现本次实验。编写一个服务节点，用于接收客户端的请求；编写一个客户端节点，用于向服务端发出请求。

4. 实验原理

（1）基础环境　在进行本次实验之前，需要确保 ROS 开发环境已经正确安装，基本的 ROS 命令会使用。

（2）原理简述　ROS 提供多种通信方式，其中 action 通信是 ROS 常用通信方式中的一种，实验主要是了解 ROS 中基于 action 方式的同步通信。编写一个服务端，用于提供请求服务；编写一个客户端，用于向服务端发出服务请求，体现一个完整的 action 交互模型。

5. 实验步骤

（1）创建工程　使用命令行创建：

```
uptech@ uptech-jhj:~/catkin_ws/src $ catkin_create_pkg exp_action
roscpp rospy actionlib actionlib_msgs message_generation
uptech@ uptech-jhj:~/catkin_ws/src $ cd exp_ action
uptech@ uptech-jhj:~/catkin_ws/src/exp_action $ mkdir src action
scripts
uptech@ uptech-jhj:~/catkin_ws/src/exp_action $ ls
action  CMakeLists.txt  include  package.xml  scripts  src
```

此时基本的目录框架建立完成，向"scripts""action""src"文件夹下放对应的文件，然后修改"CMakeLists.txt"文件即可。

使用 IDE 的方法创建工程：新建或者打开工作空间，然后单击"创建 ROS 包"按钮，包名填写"exp_action",然后创建"action"文件夹、"scripts"文件夹等,再添加 CPP 源文件、action 文件等,此时工程框架创建完毕,效果如图 5-28 所示。

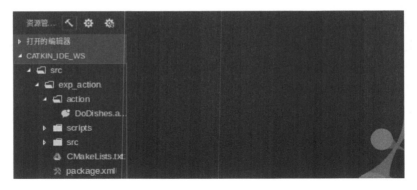

图 5-28　IDE 创建的"exp_action"包

为了实验的一致性,命令行创建使用同 IDE 创建的"exp_action"相同的文件名,最后效果如下:

```
src/exp_action/
├──── action
│     └──── DoDishes.action
├──── CMakeLists.txt
├──── include
│     └──── exp_action
├──── package.xml
├──── scripts
│     ├──── action_client.py
│     └──── action_server.py
└──── src
      ├──── action_client.cpp
      └──── action_server.cpp
```

（2）编码　将工程及文件名创建完成后进行编码。首先创建"DoDishes. action"文件:

```
# Define the goal
uint32 dishwasher_id  # Specify which dishwasher we want to use
---
# Define the result
uint32 total_dishes_cleaned
---
# Define a feedback message
float32 percent_complete
```

action 通信中的服务端、客户端与 service 通信类似，但 service 通信是阻塞的，只有任务执行完毕才会返回，在这个过程中没有反馈信息，就好比安装一个大软件而没有进度条，不知道它是在安装还是已经卡死了。action 通信就好比 Android 中的异步任务，它可以处理相应的工作，并且会将处理进度告知调用者。接下来看看 action 文件，同 service 一样，不同的段使用 3 个 "-" 隔开：

```
#part1:the goal,to be sent by the client
---
#part2:the result,to be sent by the server upon completion
---
#part3:the feedback,to be sent by server during execution
```

使用 C++语言实现 server、client 的代码应该放在 "src" 目录下，使用 Python 语言实现的代码应该放在 "scripts" 目录下，在 "src" 目录下创建 "action_server.cpp" 文件，输入如下内容：

```cpp
//ROS 头文件
#include <exp_action/DoDishesAction.h>
//包含自定义 action 产生的头文件
#include <actionlib/server/simple_action_server.h>
//定义一个 server,是 simple_action_server.h>中申明的,将模板具体化为前面定义的 action
typedef actionlib::SimpleActionServer<exp_action::DoDishesAction>
Server;

void execute(const exp_action::DoDishesGoalConstPtr& goal,Server * as)
{
    as->setSucceeded();
}

int main(int argc,char * * argv)
{
    ros::init(argc,argv,"dishes_Server");
    ros::NodeHandle n;
    Server server(n,"dishes",boost::bind(&execute,_1,&server),
false);
    server.start();
    ros::spin();
    return 0;
}
```

如上代码与实验二的代码风格一致，首先写 main( ) 函数，然后添加一个回调函数。回调函数和 main( ) 函数都类似 service 通信的代码，需要说明的是 boost：：bind( ) 函数。

　　bind 并不是一个单独的类或函数，而是非常庞大的家族，依据绑定的参数的个数和要绑定的调用对象的类型，总共有数十种不同的形式，编译器会根据具体的绑定代码自动确定要使用的正确形式，其基本形式如下：

```
template<class R,class F> bind(F f);
template<class R,class F,class A1> bind(F f,A1 a1);
namespace
{
boost::arg<1> _1;
boost::arg<2> _2;
boost::arg<3> _3;
…..                              //其他 6 个占位符
};
```

　　bind 接收的第一个参数必须是一个可调用的对象 f，包括函数、函数指针、函数对象和成员函数指针，之后 bind 最多可接收 9 个参数，参数数量必须与 f 的参数数量相等，这些参数被传递给 f 作为输入参数。绑定完成后，bind 会返回一个函数对象，它内部保存了 f 的拷贝，具有 operator( ) 函数，返回值类型被自动推导为 f 的返回类型。在发生调用时，这个函数对象会把之前存储的参数转发给 f 完成调用。例如，有一个函数 func( )，它的形式：

```
func(a1,a2);
```

　　那么，它将等价于一个具有无参 operator( ) 的 bind 函数对象调用：

```
bind(func,a1,a2)();
```

　　这是 bind 最简单的形式，bind 表达式存储了 func( ) 和 a1、a2 的拷贝，产生了一个临时函数对象。因为 func( ) 接收两个参数，而 a1 和 a2 的拷贝传递给 func( ) 完成真正的函数调用。

　　bind 的真正威力在于它的占位符，它们分别定义为_1,_2,_3，…，_9，并且位于一个匿名的名字空间。占位符可以取代 bind 参数的位置，在发生调用时才接收真正的参数。占位符的名字表示它在调用式中的顺序，而在绑定的表达式中没有顺序的要求，_1 不一定必须第一个出现，也不一定只出现一次，例如：

```
bind(func,_2,_1)(a1,a2);
```

　　返回一个具有两个参数的函数对象，第一个参数将放在 func( ) 的第二个位置，而第二个参数则放在第一个位置，调用时等价于：

```
func(a2,a1);
```

　　接下来看回调函数，回调函数的参数是 DoDishesGoalConstPtr，具体类型和创建的 action

文件名称相关，它是根据前面 action 文件生成的对应类型，编译后生成在 "devel/include/exp_action" 目录下：

```
uptech@uptech-jhj:~/catkin_ide_ws $ ls devel/include/exp_action/
DoDishesActionFeedback.h  DoDishesAction.h      DoDishesFeedback.h
DoDishesResult.h
   DoDishesActionGoal.h          DoDishesActionResult.h  DoDishesGoal.h
```

具体的源码查看这几个 ".h" 文件。在实验三中介绍了 service 通信中的 "xxxRequest.h" 和 "xxresponse.h" 文件，action 通信也一样，可以根据文件名大概了解，如 "DoDishesAction-Result.h"，结合前面介绍的 action 格式，这个就是 action 的 result 头文件，同样的还有 feedback、goal 等。在代码中一般只需要调用一个头文件，例如，"DoDishesAction.h" 文件中有如下几行：

```
#include <exp_action/DoDishesActionGoal.h>
#include <exp_action/DoDishesActionResult.h>
#include <exp_action/DoDishesActionFeedback.h>
```

接下来编辑 client 的代码：

```
#include <exp_action/DoDishesAction.h>
#include <actionlib/client/simple_action_client.h>

typedef actionlib::SimpleActionClient<exp_action::DoDishesAction> Client;

int main(int argc,char** argv)
{
    ros::init(argc,argv,"dishes_Client");
    Client client("dishes",true);
    client.waitForServer();
    exp_action::DoDishesGoal goal;
    client.sendGoal(goal);
    client.waitForResult(ros::Duration(5.0));
    if (client.getState() == actionlib::SimpleClientGoalState::SUCCEEDED)
        printf("Yay! The dishes are now clean");
    printf("Current State:%s\n",client.getState().toString().c_str());
    return 0;
}
```

无论是 client 还是 server，都需要包含"DoDishesAction. h"头文件，通过 client. waitFor-Server( )函数阻塞等待 ActionServer 的连接，这里与前面的 service 略有不同。后面将服务器端的状态信息打印出来，这里需要注意的是将其转化为 C 类型的字符串后再输出。按照同样的步骤编写 Python 文件：

```python
#! /usr/bin/env python
# coding:utf-8
# 上面指定编码 utf-8,使 Python 能够识别中文

import roslib
roslib. load_manifest('exp_action')
import rospy
import actionlib

from exp_action. msg import DoDishesAction

class DoDishesServer:
    def __init__(self):
        self. server = actionlib. SimpleActionServer('dishes',DoDish-
esAction,self. execute,False)
        self. server. start()

    def execute(self,goal):
        # Do lots of awesome groundbreaking robot stuff here
        self. server. set_succeeded()

if __name__ == '__main__':
    rospy. init_node('dishes_server')
    server = DoDishesServer()
    rospy. spin()
```

使用 Python 和 C++编写代码均可，Python 中，将 DoDishesServer 编写为一个类，包含一个执行方法 execute。流程是独立运行节点：初始化节点，创建 DoDishesServer 类的实例，然后调用 spin 堵塞；DoDishesServer 有个初始化方法，用来创建一个 actionlib 的 server。Python 版的 client 这里就不再列举了。

（3）修改"CMakeLists. txt"及"package. xml"内容 对于"package. xml"，主要修改 version、maintainer、license，具体如下：

```xml
<version>0. 0. 1</version>
<maintainer email="jianghj@ up-tech. com">jianghj</maintainer>
<license>BSD</license>
```

需要注意，使用 IDE 创建的工程不需要修改，只要创建文件没有问题，"CMakeLists. txt"中的内容就是对的。对于使用命令行创建的工程，修改方法：打开"CMakeLists. txt"文件，复制"add_executable($ |PROJECT_NAME| _node src/exp_action_node. cpp)"后粘贴一次，然后将" $ |PROJECT_NAME| _node"改成"action_server"，将"src/exp_action_node. cpp"改成"src/ action_server. cpp"。对 client 做同样修改，修改后如下：

```
add_executable(action_server   src/action_server.cpp)
add_executable(action_client   src/action_client.cpp)
```

接下来打开"add_dependencies(...)"语句，再打开"target_link_libraries"语句，修改方式与上面修改可执行程序类似，最后效果如下：

```
add_dependencies(action_server $ { $ {PROJECT_NAME}_EXPORTED_TAR-
GETS} $ {catkin_EXPORTED_TARGETS})
add_dependencies(action_client $ { $ {PROJECT_NAME}_EXPORTED_TAR-
GETS} $ {catkin_EXPORTED_TARGETS})

## Specify libraries to link a library or executable target against
target_link_libraries(action_server
    $ {catkin_LIBRARIES}
)
target_link_libraries(action_client
    $ {catkin_LIBRARIES}
)
```

实验中使用了"action"文件，在"CMakeLists. txt"文件中需要修改对应的部分，找到"add_action_files"，然后打开并将默认的"action"文件改成刚才定义的"DoDishes. action"文件：

```
add_action_files(FILES
    DoDishes.action
)
```

如前所述，添加了"action"文件，仅仅是"add_action_files"还不够，还需要打开下面的语句：

```
generate_messages(DEPENDENCIES
    actionlib_msgs
    std_msgs  # Or other packages containing msgs
)
```

此外，需要打开"catkin_package"文件，效果如下：

```
catkin_package(
#  INCLUDE_DIRS include
#  LIBRARIES exp_topic
  CATKIN_DEPENDS message_generation roscpp rospy
#  DEPENDS system_lib
)
```

至此，"CMakeLists. txt"文件修改完毕，可以退出到工作目录进行编译。在进行编译之前，应先解释一下"package. xml"和"CMakeLists. txt"修改的内容。

经过本章的实验一至实验四，到这里应该基本了解了"CMakeLists. txt"和"package. xml"的结构，实际上 catkin 提供的是一个模板，可以根据 ROS 包功能进行修改。对"CMakeLists. txt"和"package. xml"有一定的了解程度后可以使用 IDE，前期是重在学习、了解，当这些基础知识扎实后重在开发效率。

（4）编译 首先需要配置构建选项，如图 5-29 所示。这里选择"Debug"选项，然后单击"构建"按钮。

图 5-29　构建选项

单击如图 5-30 所示的锤子形按钮，然后单击"输出"按钮，此时显示的信息如果没什么问题，则继续等待构建完成即可。

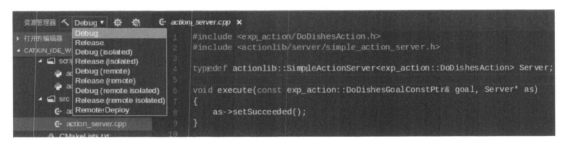

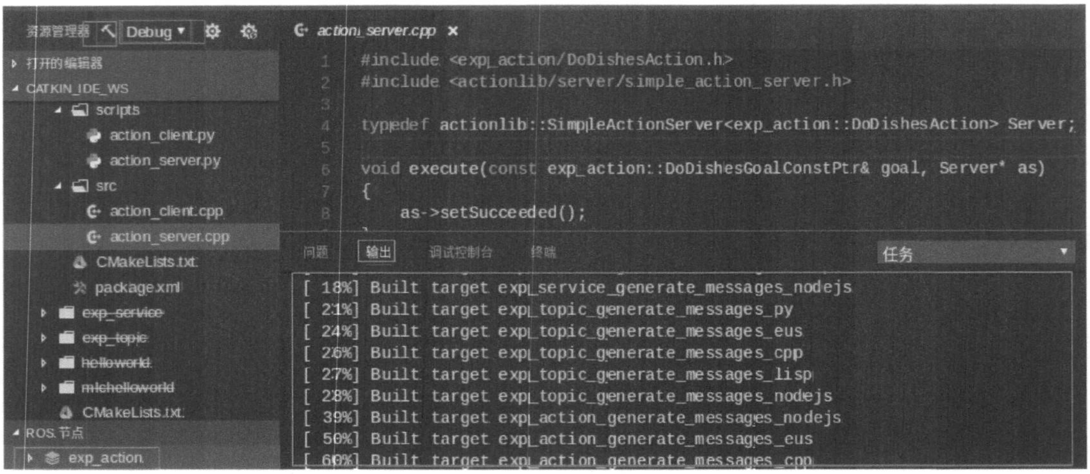

图 5-30　构建

命令行构建方式：

```
uptech@ uptech-jhj:~/catkin_ws $ catkin_make
....
Scanning dependencies of target action_server
[ 95%] Building CXX object exp_action/CMakeFiles/action_client.
dir/src/action_client.cpp.o
[ 96%] Building CXX object exp_action/CMakeFiles/action_server.
dir/src/action_server.cpp.o
[100%] Linking CXX executable/home/uptech/catkin_ws/devel/lib/
exp_action/action_server
[ 98%] Linking CXX executable/home/uptech/catkin_ws/devel/lib/exp_
action/action_client
[100%] Built target action_server
[100%] Built target action_client
```

命令行构建和 IDE 构建输出信息一致，最终会在工作空间的 "devel/lib/exp_action/" 目录下生成对应的可执行文件，即 ROS 中的 node。

（5）运行 编译结束的时候可以看见生成了 "action_server" 和 "action_client" 两个可执行程序，下面就来运行这两个程序。

在运行之前先确保环境正常，需要采用 "source devel/setup.bash"，然后在终端 1 运行 "roscore" 程序，在终端 2 运行 "action_server" 程序，在终端 3 运行 "action_client" 程序。具体命令如下：

终端 1：

```
uptech@ uptech-jhj:~/catkin_ws $ chmod +x src/exp_action/scripts/*
uptech@ uptech-jhj:~/catkin_ws $ roscore
```

终端 2：

```
uptech@ uptech-jhj:~/catkin_ws $ rosrun exp_action action_server
```

终端 3：

```
uptech@ uptech-jhj:~/catkin_ws $ rosrun exp_action action_client
```

C++节点的运行效果图如图 5-31 所示。Python 语言运行效果类似。

为了实验现象直观，将刚运行的 "action_client" 和 "action_server" 关闭（在终端下按<Ctrl+C>键），roscore 节点无需重启。在终端输入下面的命令开始运行：

```
uptech@ uptech-jhj:~/catkin_ws $ rosrun exp_action action_cli-
ent.py
```

155

```
uptech@ uptech-jhj:~/catkin_ws $ rosrun exp_action action_serv-
er.py
```

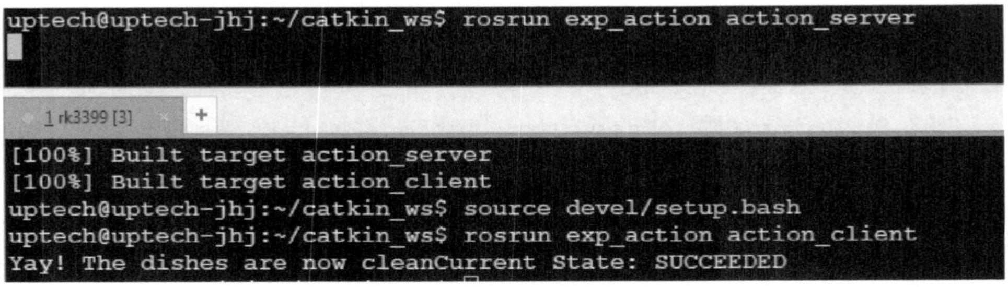

图 5-31　C++节点的运行效果

本章实验二的 topic 通信是 ROS 中的一种单向的异步通信方式，实验三的 service 通信是 ROS 中的一种同步通信方式。然而 service 通信还是满足不了某些要求，于是 action 通信被设计出来，它可以在运行的过程中反馈消息给 client，这样的通信方式本质上可以理解为基于 topic 通信的一种特殊通信方式。在实验的过程中，可以进一步练习 ROS 中的"rosservice list""rosservice info"等命令，查看一下具体的 service 列表、service 详细信息：

```
uptech@ uptech-jhj:~/catkin_ws $ rosservice list
/dishes_server/get_loggers
/dishes_server/set_logger_level
/rosout/get_loggers
/rosout/set_logger_level
```

使用"rosservice list"命令可以看到当前的服务列表，然后可以使用"rosservice info"加具体的服务查看详细信息。由于可以把 action 通信理解为基于 topic 通信的一种特殊通信方式，因此可以使用"rostopic list"命令查看程序中是否包含某些 topic：

```
uptech@ uptech-jhj:~/catkin_ws $ rostopic list
/dishes/cancel
/dishes/feedback
/dishes/goal
/dishes/result
/dishes/status
/rosout
/rosout_agg
```

基于 action 的长服务是可以取消的，通过"rostopic"命令可以看到系统里确实有"cancel"这个 topic，还有"feedback""goal"等 topic。

（6）拓展　本实验程序类似"helloworld"，无论是代码还是逻辑都十分简单，这里以拓展的方式运行一个斐波那契数列。斐波那契数列（Fibonacci sequence）又称黄金分割数列，因数学家列昂纳多·斐波那契（Leonardoda Fibonacci）以兔子繁殖为例而引入，故又称为"兔子数列"，指的是这样一个数列：1，1，2，3，5，8，13，21，34，……表达式：$F[n] = F[n-1] + F[n-2] (n>=3, F[1]=1, F[2]=1)$。此处拓展不需要自己编码实现，直接从"ROS. org"网站上下载，网址：http://wiki. ros. org/actionlib_tutorials。其他很多资源都可以直接从该网站上下载。

下载的 ROS 包可以直接安装，安装命令：

```
sudo apt install ros-melodic-actionlib-tutorials
```

如果需要了解源码，则可以进行克隆，克隆命令：

```
git clone https://github. com/ros/common_tutorials. git
```

如果使用命令安装，则安装包在"/opt/ros/melodic/lib/actionlib_tutorials/"目录下。如果克隆了源码，克隆文件在哪个目录与进行的操作有关。下面运行查看效果：

```
uptech@ uptech-jhj:~/catkin_ws $ rosrun actionlib_tutorials fibonacci_server
```

启动一个终端运行 server，如果不启动客户端，server 是没有任何输出的。在 ROS 基本命令的学习中，使用"rostopic echo"命令可以查看 topic 的信息，这里也使用 topic 命令查看具体的数列信息：

```
uptech@ uptech-jhj:~/catkin_ws $ rostopic list -v

Published topics:
 * /fibonacci/feedback [actionlib_tutorials/FibonacciActionFeedback] 1 publisher
 * /rosout [rosgraph_msgs/Log] 1 publisher
 * /fibonacci/status [actionlib_msgs/GoalStatusArray] 1 publisher
 * /rosout_agg [rosgraph_msgs/Log] 1 publisher
 * /fibonacci/result [actionlib_tutorials/FibonacciActionResult] 1 publisher

 Subscribed topics:
 * /fibonacci/goal [actionlib_tutorials/FibonacciActionGoal] 1 subscriber
 * /fibonacci/cancel [actionlib_msgs/GoalID] 1 subscriber
 * /rosout [rosgraph_msgs/Log] 1 subscriber
```

运行 server 后使用"rostopic list-v"可以看到具体的 topic，通过"echo fibonacci/feedback"可以清楚地看到数列的产生过程：

```
uptech@ uptech-jhj:~/catkin_ws $ rostopic echo /fibonacci/feedback
....
status:
    goal_id:
        stamp:
            secs:1564722698
            nsecs:   33473362
        id:"/test_fibonacci-1-1564722698.33473362"
    status:1
    text:"This goal has been accepted by the simple action server"
feedback:
    sequence:[0,1,1,2,3,5,8,13,21,34,55,89,144,233,377,610,987,597,
2584,4181,6765,10946]
```

当启动客户端后，server 输出如下信息：

```
[ INFO] [1564722698.034328016]: fibonacci: Executing, creating fi-
bonacci sequence of order 20 with seeds 0,1
```

客户端请求产生 20 个序列，基数是 0，1，所以这里输出的值是从 0 开始，到 10946 结束。

通过以上斐波那契数列的实验，可以观察到 ROS 中 action 通信实际是基于 topic 的特殊通信方式，可以对不同的 topic 进行订阅，可以实时（相对来说）了解 server 的运行状态，同样也可以向不同的 topic 发布一些消息，例如，向 topic 为"/fibonacci/cancel"发送取消命令，action 就会终止处理。

本拓展实验使用了命令方式查看 action 通信的细节信息，当然也可以使用其他工具。例如，可以采用 ROS 中一款使用率很高的 GUI 工具——rqt，在 IDE 工具里已经集成了 rqt 工具，单击展开 ROS 菜单，然后选择"rqt_graph"命令即可打开其窗口，它会根据系统当前的信息生成一个直观的图形，显示效果如图 5-32 所示。

rqt 工具是一个基于 Qt 开发的可视化工具，拥有良好的扩展性、灵活性、易用性、跨平台性等。rqt 工具包含 rqt_graph、rqt_plot、rqt_console 等功能，rqt_graph 功能用来显示通信架构，主要显示内容节点、主题等，如图 5-32 所示，其窗口中显示了斐波那契的节点及 topic 以及它们之间的关系。其他功能自行练习。

6. 实验总结

通过本次实验，进一步了解了 IDE 与命令行创建工程的差异性。基于 ROS 的 action 通信与实验三的基于 service 通信进行对比，了解到同步通信中 service 通信和 action 通信

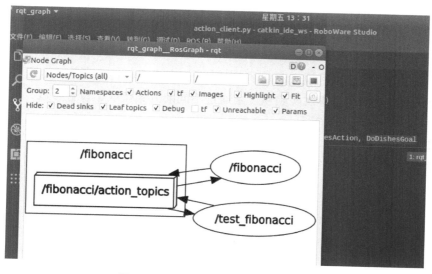

图 5-32　"rqt_graph" 窗口显示效果

之间的不同，通过 ROS 的命令，可以知道 action 通信应该划分为 topic 通信的一种特殊形式。通过拓展实验，知道 ROS 有很多开源代码，了解斐波那契数列，查看完整的 action 通信过程，了解了 ROS 中命令、工具等对开发调试、他人代码阅读、功能分析等的重要性。

5.3.5　实验五：ROS 节点参数实验

1. 实验环境

- 硬件：捡乒乓球机器人或 PC。
- 软件：捡乒乓球机器人 ROS、PC 运行 ROS 系统、Xshell。

2. 实验目的

- 了解 ROS 的 param。
- 了解 ROS 中 param 的获取与设置。
- 了解 ROS 中参数的基本写法。
- 了解 roslaunch 命令及 launch 文件的编写方法。

3. 实验内容

使用 C++、Python 两种方式，设置、读取 ROS 中的参数。

4. 实验原理

（1）基础环境　本实验可以在 PC 上做，也可以在机器人设备上做，对具体的环境没有特殊的要求。如果基于 PC，可以选择使用 IDE 来完成（相对较简单），如果使用机器人，应使用命令行完成，该方式相对较复杂，但建议初学者使用命令行来完成。在进行本次实验之前，需要确保 ROS 开发环境已经正确安装，基本的 ROS 命令会使用。

（2）原理简述　无论是 Windows 应用程序、Linux 应用程序，还是驱动程序，都有很多原理性、机制性的东西，例如，驱动程序有设备树，可以将驱动逻辑和具体硬件配置分离；

Windows 应用程序使用配置文件。ROS 同样也有类似功能的需求，例如，ROS 中有串口收发功能节点，而这个具体的串口很可能随时修改，所以 ROS 中将这个具体的串口当做参数传递给串口节点。

ROS 提供了完整的读取、设置参数的 API，可以在命令行传入参数，也可以在 launch 文件中设置默认的参数信息。本次实验主要是通过不同的方式获取、设置参数，然后打印参数并观察结果。

5. 实验步骤

（1）创建工程　使用命令行创建：

```
uptech@uptech-jhj:~/catkin_ws/src $ catkin_create_pkg exp_param
roscpp rospy
uptech@uptech-jhj:~/catkin_ws/src $ cd exp_param
uptech@uptech-jhj:~/catkin_ws/src/exp_param $ mkdir param launch
scripts
uptech@uptech-jhj:~/catkin_ws/src/exp_param $ ls
CMakeLists.txt  include  launch  package.xml  scripts  src
```

此时基本的目录框架建立完成，向 "scripts" "launch" "src" 文件夹下放对应的文件，然后修改 "CMakeLists. txt" 文件即可。

使用 IDE 的方法创建工程：新建或者打开工作空间，然后单击 "创建 ROS 包" 按钮，包名填写 "exp_param"，然后创建 "launch" 文件夹、"scripts" 文件夹等，再添加 CPP 源文件、launch 文件等，此时工程框架创建完毕，效果如图 5-33 所示。

图 5-33　IDE 创建的 "exp_param" 包

为了实验的一致性，命令行创建使用同 IDE 创建的 "exp_param" 相同的文件名，最后效果如下：

```
src/exp_param/
├── CMakeLists.txt
├── include
│   └── exp_param
├── launch
│   ├── exp_param_cpp.launch
│   └── exp_param_python.launch
├── param
│   └── exp_param.yaml
├── package.xml
├── scripts
│   └── exp_param.py
└── src
    └── exp_param.cpp
```

（2）编码　将工程及文件名创建完成后进行编码。首先创建 exp_param.yaml：

```
string:'foo'
integer:1234
float:1234.5
pi:3.141592
boolean:true
list:[1.0,mixed list]
dictionary:{a:b,c:d}
server:
    - 114.80.215.235
    - 114.80.215.234
    - 114.80.215.233
url:http://www.up-tech.com
```

YAML 是一种轻量级的标签语言，支持 ROS 中所有的参数类型，详细了解 YAML 的相关语法及书写规范，直接查看 "YAML-format.pdf" 或 https://yaml.org/spec/1.2/spec.html。在书写格式方面就是这么简单，不过需要注意，冒号后面需要添加一个空格，否则无法解析。接下来使用命令查看当前的 "param list" 内容：

```
uptech@uptech-jhj:~/catkin_ide_ws/src/exp_param/param $ rosparam
list
    /gazebo/enable_ros_network
    /robot_description
```

```
/robot_state_publisher/publish_frequency
/rosdistro
/roslaunch/uris/host_192_168_88_13__33719
/roslaunch/uris/host_192_168_88_13__40335
/roslaunch/uris/host_192_168_88_13__43323
/rosversion
/run_id
/use_sim_time
```

这是没有加载"exp_param. yaml"的参数列表，然后使用"rosparam load exp_param. yaml"来加载这些参数：

```
uptech@ uptech-jhj:~/catkin_ide_ws/src/exp_param/param $ rosparam
load exp_param. yaml
    uptech@ uptech-jhj:~/catkin_ide_ws/src/exp_param/param $ rosparam
list
/boolean
/dictionary/a
/dictionary/c
/float
/gazebo/enable_ros_network
/integer
/list
/pi
/robot_description
/robot_state_publisher/publish_frequency
/rosdistro
/roslaunch/uris/host_192_168_88_13__33719
/roslaunch/uris/host_192_168_88_13__40335
/roslaunch/uris/host_192_168_88_13__43323
/rosversion
/run_id
/server
/string
/url
/use_sim_time
```

这是加载了"exp_param. yaml"后的 param list，可以发现这些参数加载到 ROS 中了。然后使用"rosparam get"命令查看具体的值是否是刚写入的：

```
uptech@uptech-jhj:~/catkin_ide_ws/src/exp_param/param $ rosparam
get /pi
3.141592
uptech@uptech-jhj:~/catkin_ide_ws/src/exp_param/param $ rosparam
get /url
http://www.up-tech.com
uptech@uptech-jhj:~/catkin_ide_ws/src/exp_param/param $ rosparam
get /server
[114.80.215.235,114.80.215.234,114.80.215.233]
```

使用 "rosparam get" 命令可以显示参数的值，例如，参数 pi 在 yaml 文件中写入的值是 3.141592，这里得到的值和 yaml 文件中的值保持一致。从原理上来说，在实际的编码过程中只需要通过类似 "rosparam get" 命令的操作即可得到对应的值。

在前面的实验中，每次运行程序时都使用 "rosrun" 命令运行某个节点，在实际的 ROS 项目中，使用 "rosrun" 命令运行会很麻烦，因为节点数目很多，而且，如果需要传入参数，每条 "rosrun" 命令都会很长，因此本实验开始引入 launch 文件。launch 文件可以包含参数、节点等信息，一个 launch 文件可以包含多个节点和参数，只需要使用 "roslaunch package_name launch_filename" 即可运行 launch 文件包含的节点，参数也可以直接写入 launch 文件中。下面就在 launch 文件夹下添加 launch 文件：

```
<launch>
<!--param 参数配置-->
<param name="param1" value="1" />
<param name="param2" value="2" />


<!--rosparam 参数配置-->
<rosparam>
        param3:3
        param4:4
        param5:5
        param6:6
        </rosparam>
<!--以上写法将参数转成 YAML 文件加载,注意 param 前面必须为空格,不能用 Tab,
否则 YAML 解析错误-->
<rosparam file=" $ (find exp_param)/param/exp_param.yaml" command=
"load" />
<node pkg="exp_param" type="exp_param" name="exp_param" output=
"screen" />
</launch>
```

launch 文件的编写语言是一种标签语言（类似 Android 的 UI、Qt 的 UI、C#的 UI、.net 的配置文件等），根节点是 launch 标签，根节点下包含多个节点（标签语言可以理解为一棵树，根节点为树根，包含的各个子节点可以理解为树枝、树叶），ROS 中的"node"节点为"node"标签，参数为"param"标签，变量使用"arg"标签等，还包含一些功能性的标签，如"include""group"等。下面介绍几个常用的标签：

```
<arg name="arg-name" default="arg-value" />
<arg name="arg-name" value="arg-value" />
```

在 launch 文件中经常有这种写法，这两种写法的唯一区别是命令行运行时可以覆盖 default 值，但不能覆盖 value 值（即想让它在命令行可以被覆盖就用第一种方式编写，否则用第二种方式编写）。在 launch 文件中还可以获取这个"arg"内容，一般这样写：

```
$ (arg arg-name)
```

这样得到的就是对应的 value（default）值。

另一个特别重要的是"node"节点：

```
<node pkg="exp_param" type="exp_param" name="exp_param" output="screen" />
```

"pkg"和"type"分别是程序包名字和可执行文件的名字。ros::init() 函数提供的"name"信息将会全面地覆盖命名信息，"output"可以不写，这里写的值为"screen"，则将输出信息打印到屏幕（终端）。还有一些属性，如"respawn"属性，如果设置为"true"，则当节点被终止时它会重启，类似"daemon"进程；如"ns"，就是命名空间的意思，"ns"属性对 topic 影响比较大，一般在节点、topic 参数方面使用。

launch 文件中"remap"标签使用率也比较高，写法：

```
<remap from="original-name" to="new-name" />
```

在 launch 文件中重命名需要使用"remap"标签，一般是进行 topic 的重命名。这个可以理解为 STM32 中的重定向，例如，需要"printf"命令输出一句话，它会输出到标准输出流，则可以使用重定向功能修改到串口，这样 STM32 上使用"printf"命令就会自动从串口输出。

ROS 中还有使用率很高的"param""rosparam"等标签，标签的写法如"exp_param"。在 ROS 中设置参数使用"param"标签，"rosparam"标签可以包含多个键值对，也可以加载 yaml 文件，如果加载文件，则需要附带"command"，加载则用"load"用"file"命令指定要加载的文件名，也就是下面语句的含义：

```
<rosparam command="load" file="path-to-param-file" />
```

ROS 提供了丰富的 API，可以方便地获取"param"的值，下面以 C++和 Python 两种语言为例进行实验，使用 C++语言的代码应该放在"src"目录下，使用 Python 语言实现的应该放在"scripts"目录下，在"src"目录下创建"exp_param.cpp"文件，输入如下内容：

```cpp
#include<ros/ros.h>

template<typename T>
T getParam(const std::string& name,const T& defaultValue)//the name
must be namespace+parameter_name
{
    T v;
     if (ros::param::get (name, v))//get parameter by name depend
on ROS.
    {
        ROS_INFO_STREAM("Found parameter:"<<name<<",\tvalue:"<<v);
        return v;
    }
    else
        ROS_WARN_STREAM("Cannot find value for parameter:"<<name<<",
\tassigning default:"<<defaultValue);
        return defaultValue;// if the parameter haven't been set,it's
value will return defaultValue.
    }
int main(int argc,char * * argv){
ros::init(argc,argv,"exp_param");
ros::NodeHandle nh;
int parameter1,parameter2,parameter3,parameter4,parameter5;
float pi;
    std::string url;

//Get Param 的 3 种方法
//① ros::param::get()获取参数"param1"的 value,写入到 parameter1
bool ifget1 = ros::param::get("param1",parameter1);

//② ros::NodeHandle::getParam()获取参数,与①作用相同
bool ifget2 = nh. getParam("param2",parameter2);

//③ ros::NodeHandle::param()类似于①和②
//但如果 get 不到指定的 param,它可以给 param 指定一个默认值(如 33333)
```

```
    nh.param("param3",parameter3,33333);

    bool ifgetpi = nh.getParam("/pi",pi);

if(ifget1)
    ROS_INFO("Get param1 = %d",parameter1);
else
    ROS_WARN("Didn't retrieve param1");
if(ifget2)
    ROS_INFO("Get param2 = %d",parameter2);
else
    ROS_WARN("Didn't retrieve param2");
if(nh.hasParam("param3"))
    ROS_INFO("Get param3 = %d",parameter3);
else
    ROS_WARN("Didn't retrieve param3");
    if(ifgetpi)
    {
        ROS_INFO("get ip = %f",pi);
    }
    nh.param<std::string>("/url",url,"www.magic-college.com");
    ROS_INFO("get url = %s",url.c_str());

    getParam<std::string>("/string","not found !!");
    getParam<int>("/integer",2);
    getParam<int>("/pi",2);
    getParam<float>("/pi",2);

    //Set Param 的 2 种方法
 //① ros::param::set()设置参数
 parameter4 = 4;
 ros::param::set("param4",parameter4);

 //② ros::NodeHandle::setParam()设置参数
 parameter5 = 5;
 nh.setParam("param5",parameter5);

 ROS_INFO("Param4 is set to be %d",parameter4);
```

```
ROS_INFO("Param5 is set to be %d",parameter5);

//Check Param 的 2 种方法
//① ros::NodeHandle::hasParam()
bool ifparam5 = nh.hasParam("param5");

//② ros::param::has()
bool ifparam6 = ros::param::has("param6");

if(ifparam5)
    ROS_INFO("Param5 exists");
else
    ROS_INFO("Param5 doesn't exist");
if(ifparam6)
    ROS_INFO("Param6 exists");
else
    ROS_INFO("Param6 doesn't exist");


//Delete Param 的 2 种方法
//① ros::NodeHandle::deleteParam()
bool ifdeleted5 = nh.deleteParam("param5");

//② ros::param::del()
bool ifdeleted6 = ros::param::del("param6");


if(ifdeleted5)
    ROS_INFO("Param5 deleted");
else
    ROS_INFO("Param5 not deleted");
if(ifdeleted6)
    ROS_INFO("Param6 deleted");
else
    ROS_INFO("Param6 not deleted");
ros::Rate rate(0.3);
while(ros::ok()){
```

```
int parameter = 0;

ROS_INFO("============Loop==============");
//roscpp 中尚未有 ros::param::getallparams()之类的方法
if(ros::param::get("param1",parameter))
    ROS_INFO("parameter param1 = %d",parameter);
if(ros::param::get("param2",parameter))
    ROS_INFO("parameter param2 = %d",parameter);
if(ros::param::get("param3",parameter))
    ROS_INFO("parameter param3 = %d",parameter);
if(ros::param::get("param4",parameter))
    ROS_INFO("parameter param4 = %d",parameter);
if(ros::param::get("param5",parameter))
    ROS_INFO("parameter param5 = %d",parameter);
if(ros::param::get("param6",parameter))
    ROS_INFO("parameter param6 = %d",parameter);
rate.sleep();
    }
}
```

本次实验相对于前几个实验代码量要大，但逻辑同样很简单。从 main() 函数开始看，同样是初始化节点，然后定义几个参数。ROS 中获取参数，roscpp 提供了 3 种常用的方法，分别是 ros::param::get()、ros::NodeHandle::getParam() 及 ros::NodeHandle::param()。前两个 API 含义一样，都是通过 key 获取对应的值，第三个多加了一个默认值（default value），如果没有得到对应的值，则使用默认值，这个与 Android 中的偏好设置（SharePreference）是一样的。Main() 函数中获取"param1"~"param3"、"pi" 参数值就是分别对应这三种 API，返回值是布尔型，用于表征是否获取到了参数。参数都是哪儿提供的呢？再回到 launch 文件，可以看到"param1"~"param6" 参数值都是 launch 文件提供的，其对应的值是 1~6，pi 是 yaml 文件提供，launch 文件中的"rosparam"包含的内容与 yaml 文件的内容类似。

在用 C++编程实现时，还要考虑将同类事物抽象出来，这样可以减小代码的冗余程度，使可读性更强，使用 C++的模板，封装一个方法：

```
template<typename T>
T getParam (const std::string& name,const T& defaultValue) //the
name must be namespace+parameter_name
{
    T v;
```

```
    if(ros::param::get(name,v))//get parameter by name depend on ROS.
    {
        ROS_INFO_STREAM("Found parameter:"<<name<<",\tvalue:"<<v);
        return v;
    }
    else
        ROS_WARN_STREAM("Cannot find value for parameter:"<<name<<",
\tassigning default:"<<defaultValue);
        return defaultValue;// if the parameter haven't been set,it's
value will return defaultValue.
    }
```

这样就可以根据 key 获取"value"值,"value"值是默认值或获取的参数值,这需要根据封装方法具体实现。有了这样的封装思想,获取参数就简单很多:

```
getParam<std::string>("/string","not found !!");
getParam<int>("/integer",2);
getParam<int>("/pi",2);
getParam<float>("/pi",2);
```

在实验中,这部分代码可以一边编码,一边编译、打印,逐步查看具体的效果。从实验文档的结构考虑,将编译放在后面,这样,封装后的代码就会比较简单,并且可以根据类型选择值。到这里将其编译运行(此处很可能出现错误,运行不出这样的结果,此处主要看结果,不需要自己去运行),其结果如下:

```
uptech@ uptech-jhj:~ $ rosrun exp_param exp_param
[ INFO] [1564992712.355690632]:Get param1 = 1
[ INFO] [1564992712.357707567]:Get param2 = 2
[ INFO] [1564992712.358550760]:Get param3 = 3
[ INFO] [1564992712.358844126]:get ip = 3.141592
[ INFO] [1564992712.361821933]:get url = http://www.up-tech.com
[ INFO] [1564992712.363230586]:Found parameter:/string,value:foo
[ INFO] [1564992712.364294247]:Found parameter:/integer,value:1234
[ INFO] [1564992712.365502950]:Found parameter:/pi,value:3
[ INFO] [1564992712.367395944]:Found parameter:/pi,value:3.14159
```

根据运行的打印结果,"param1"~"param3"的参数值获取无误,这部分参数是从 launch 文件中获取的,后面的"pi""url"都是 yaml 文件提供的参数,在这里也可以看到对应的值。在封装的方法里,yaml 文件中设置"pi"的值是"3.xxx",输入类型是 int 型时,得到的是"3"，输入类型是 float 型时，得到的是"3. xxx"，这种思想在某些情况下也是很有用的。

ROS 设置参数的 API 有 ros::param::set( )、ros::NodeHandle::setParam( )，命令示例：

```
ros::param::set("param4",parameter4);
```

这里的 set 方法含义很简单，第一个参数是"key"，第二个参数是"value"，这样就相当于 key = value，即设置参数。一般使用 set 方法设置默认参数值。ROS 还提供了 has 和 deleteParam 方法：ros::NodeHandle::hasParam( )、ros::param::has( ) 和 ros::NodeHandle::deleteParam( )、ros::param::del( )，它们用于支持参数是否存在、删除参数操作。

以上为 C++语言编写的获取、设置、判断、删除 ROS 中参数的基本方法，接下来使用 Python 语言来实现 ROS 参数的读取、设置、删除操作。Python 代码如下：

```python
#!/usr/bin/env python
# coding:utf-8

import rospy

def exp_param():
    rospy. init_node("exp_param_python")
    rate = rospy. Rate(1)
    while(not rospy. is_shutdown()):
        #get param
        parameter1 = rospy. get_param("/param1")
        parameter2 = rospy. get_param("/param2",default=222)
        rospy. loginfo('Get param1 = %d',parameter1)
        rospy. loginfo('Get param2 = %d',parameter2)
        #delete param
        rospy. delete_param('/param2')

        #set param
        rospy. set_param('/param2',2)

        #check param
        ifparam3 = rospy. has_param('/param3')
        if(ifparam3):
            rospy. loginfo('/param3 exists')
```

```
            else:
                rospy.loginfo('/param3 does not exist')
            #get all param names
            params = rospy.get_param_names()
            rospy.loginfo('param list:%s',params)
            rate.sleep()

    if __name__=="__main__":
        exp_param()
```

Python 版的获取参数值只有 rospy. get_param 一种 API，default value 是根据调用者是否传值决定的，其原型如下：

```
    def get_param(param_name,default=_unspecified):
```

"rospy" 命令相对于 "roscpp" 命令来说更加规范，提供的 API 都是 "xxx_param" 的方法，获取参数是 "get_param" 命令，设置参数是 "set_param" 命令，判断参数是否存在是 "has_param" 命令，删除参数是 "delete_param" 命令。在 "roscpp" 命令中目前没有获取所有参数的 API，但是 "rospy" 命令中有，使用 "get_params_names" 命令可以获取所有参数的参数列表，具体的方法：

```
    #get all param names
    params = rospy.get_param_names()
    rospy.loginfo('param list:%s',params)
```

以上的每个代码文件无论是 IDE 还是命令行，都是一样的。

（3）修改 "CMakeLists. txt" 及 "package. xml" 内容　主要修改 version、maintainer、license，具体如下：

```
    <version>0. 0. 1</version>
    <maintainer email="jianghj@ up-tech. com">jianghj</maintainer>
    <license>BSD</license>
```

需要注意，使用 IDE 创建的工程无需修改，只要创建文件没有问题，"CMakeLists. txt" 中的内容就是对的。对于使用命令行创建的工程，修改方法：打开 "CMakeLists. txt" 文件，将 "${PROJECT_NAME}_node" 改成 "exp_param"，将 "src/exp_param_node. cpp" 改成 "src/ exp_param. cpp"，修改后如下：

```
    add_executable(exp_param  src/exp_param. cpp)
```

接下来打开"add_dependencies(…)"语句，再打开"target_link_libraries"语句，修改方式与上面修改可执行程序类似，最后效果如下：

```
add_dependencies(exp_param $ { $ {PROJECT_NAME}_EXPORTED_TARGETS}
$ {catkin_EXPORTED_TARGETS})
## Specify libraries to link a library or executable target against
target_link_libraries(exp_param
    $ {catkin_LIBRARIES}
)
```

至此，"CMakeLists.txt"文件修改完毕，可以退出到工作目录进行编译。在进行编译之前，应先解释一下"package.xml"和"CMakeLists.txt"修改的内容。

（4）编译　首先需要配置构建选项，如图 5-34 所示。这里选择"Debug"选项，然后单击"构建"按钮。

图 5-34　构建选项

单击如图 5-35 所示的锤子形按钮，然后单击"输出"按钮，此时显示的信息如果没什么问题，则继续等待构建完成即可。更多关于 roboware studio 的使用，可阅读"RoboWare 使用手册 v0.7.2.pdf"

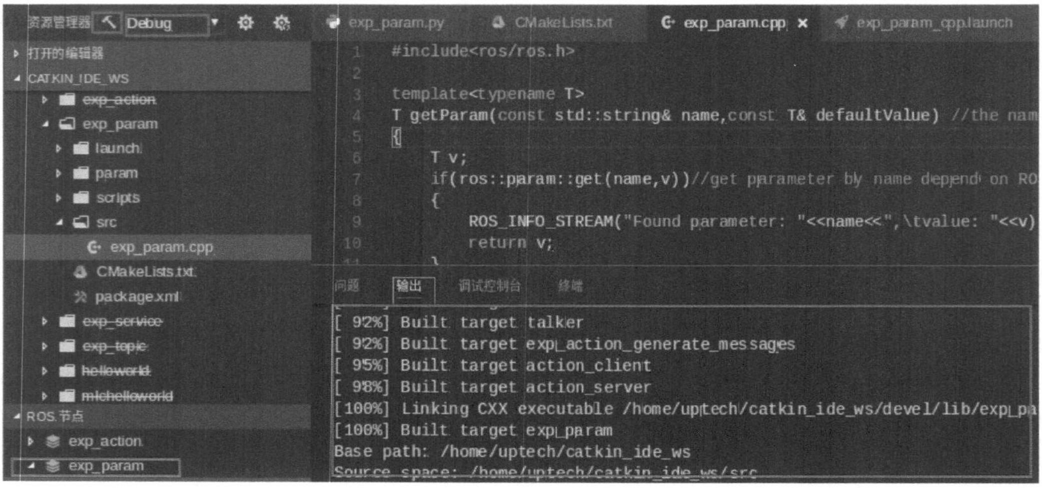

图 5-35　构建

命令行构建方式：

```
uptech@ uptech-jhj:~/catkin_ws $ catkin_make
....
[ 92%] Built target exp_action_generate_messages
[ 95%] Built target action_client
[ 98%] Built target action_server
[100%] Linking CXX executable /home/uptech/catkin_ws/devel/lib/
exp_param/exp_param
[100%] Built target exp_param
```

命令行构建和 IDE 构建输出信息一致，最终会在工作空间的"devel/lib/exp_param/"目录下生成对应的可执行文件，即 ROS 中的 node。

（5）运行　编译结束的时候可以看见生成了"exp_param"程序，下面就来运行这个程序。

在运行之前先确保环境正常，需要采用"source devel/setup. bash"，然后在终端 1 运行"roscore"程序，在终端 2 运行"exp_param"程序。具体命令如下。

终端 1：

```
uptech@ uptech-jhj:~/catkin_ws $ chmod +x src/exp_param/scripts/*
uptech@ uptech-jhj:~/catkin_ws $ roscore
```

终端 2：

```
uptech@ uptech-jhj:~/catkin_ws $ rosrun exp_param exp_param
```

如果不先运行"roscore"程序，会有错误提示：

```
uptech@ uptech-jhj:~/catkin_ws $ rosrun  exp_param exp_param
[ERROR] [1565062448.647174697]:[registerPublisher] Failed to con-
tact master at [192.168.88.3:11311].Retrying...
```

"roscore"程序用来启动 master，这里的提示就是不能连接到 master。同样地，前面都是使用"rosrun"命令执行 node，此处用"rosrun"命令执行的结果：

```
uptech@ uptech-jhj:~/catkin_ws $ rosrun  exp_param exp_param
[ WARN] [1565062544.816136361]:Didn't retrieve param1
[ WARN] [1565062544.817313125]:Didn't retrieve param2
[ WARN] [1565062544.817895554]:Didn't retrieve param3
[ INFO] [1565062544.818413907]:get url = www.magic-college.com
[ WARN] [1565062544.818981825]:Cannot find value for parameter:/
string,assigning default:not found !!
```

```
   [ WARN][1565062544.820626002]:Cannot find value for parameter:/in-
teger,assigning default:2
   [ WARN][1565062544.821554243]:Cannot find value for parameter:/pi,
assigning default:2
   [ WARN][1565062544.822495341]:Cannot find value for parameter:/pi,
assigning default:2
   [ INFO][1565062544.827061988]:Param4 is set to be 4
   [ INFO][1565062544.827230604]:Param5 is set to be 5
   [ INFO][1565062544.828185342]:Param5 exists
   [ INFO][1565062544.828268009]:Param6 doesn't exist
   [ INFO][1565062544.829588760]:Param5 deleted
   [ INFO][1565062544.829672169]:Param6 not deleted
   [ INFO][1565062544.829730606]:==========Loop==========
   [ INFO][1565062544.832441478]:parameter param4 = 4
```

可以看到使用"rosrun"命令执行 node 无法获取参数，但是"rosrun"命令可以添加参数，则会在一个"rosrun"命令后面跟"param1"~"param6"，还有赋的值，比较冗长，此时可以采用"roslaunch"命令，解析 launch 文件然后运行节点，命令格式：

```
roslaunch package-name launch-file
```

"roslaunch"命令和"rosed""roscd"等命令一样，都可以直接跟包名，"roslaunch"命令也可以不加包名，而直接使用绝对路径，即采用"roslaunch abs_launch_file_path"的形式。对于本次实验，具体的命令：

```
uptech@ uptech-jhj:~/catkin_ws $ roslaunch exp_param exp_param_
cpp.launch
```

另一种命令形式：

```
uptech@ uptech-jhj:~/catkin_ws $ roslaunch src/exp_param/launch/
exp_param_cpp.launch
```

这两种运行方式效果是一样的。使用 launch 运行的效果如下：

```
   [ INFO][1565062687.098339065]:Get param1 = 1
   [ INFO][1565062687.102115908]:Get param2 = 2
   [ INFO][1565062687.103101770]:Get param3 = 3
   [ INFO][1565062687.103481035]:get ip = 3.141592
   [ INFO][1565062687.106611385]:get url = http://www.up-tech.com
```

```
[ INFO] [1565062687.108317521]:Found parameter:/string,value:foo
[ INFO] [1565062687.110154148]:Found parameter:/integer,value:1234
[ INFO] [1565062687.111228116]:Found parameter:/pi,value:3
[ INFO] [1565062687.112520279]:Found parameter:/pi,value:3.14159
[ INFO] [1565062687.115501533]:Param4 is set to be 4
[ INFO] [1565062687.116834581]:Param5 is set to be 5
[ INFO] [1565062687.121119615]:Param5 exists
[ INFO] [1565062687.121450465]:Param6 exists
[ INFO] [1565062687.122708000]:Param5 deleted
[ INFO] [1565062687.122984352]:Param6 deleted
[ INFO] [1565062687.123220027]:==========Loop==========
[ INFO] [1565062687.123918800]:parameter param1 = 1
[ INFO] [1565062687.124575737]:parameter param2 = 2
[ INFO] [1565062687.125126710]:parameter param3 = 3
[ INFO] [1565062687.125729982]:parameter param4 = 4
[ INFO] [1565062690.457608104]:==========Loop==========
[ INFO] [1565062690.458179879]:parameter param1 = 1
[ INFO] [1565062690.458605566]:parameter param2 = 2
[ INFO] [1565062690.459383953]:parameter param3 = 3
[ INFO] [1565062690.459943906]:parameter param4 = 4
```

可以看到使用 launch 文件可以获取参数信息，这是本次实验的重点。ROS 节点一般是按照功能编写的一些可执行程序，往往将一些参数通过命令行传入，这样更加方便、灵活，例如，串口节点就属于这种节点，一般串口名和波特率都会通过命令行传入，这样就不用因为修改一个串口名或波特率去修改源码了。而这些命令行参数给程序的通用性带来了便利，但会给运行带来麻烦，launch 文件可以解决这个矛盾，launch 文件不仅可以携带参数，还可以同时启动多个节点。ROS 中一般包含多个功能模块，也就包含很多个节点，而这些节点要一一启动也比较麻烦，使用"roslaunch"命令就可以实现一条命令启动全部节点。例如，可以将"roscore"节点杀掉，然后使用"roslaunch"命令运行，"roscore"节点会被再次启动。

如果使用"roslaunch"命令运行过，再次运行可以使用"rosrun"命令（考虑下参数服务器就应该能明白其中原因），运行效果与"roslaunch"命令一样，这也是前面在编码步骤中会出错的原因。同样地，运行 Python 程序的命令如下：

```
uptech@ uptech-jhj:~/catkin_ws $ roslaunch
src/exp_param/launch/exp_param_python. launch
... logging to /home/uptech/. ros/log/3c4ada1e-b7fb-11e9-81b1-000c29
e651a9/roslaunch-uptech-jhj-29876. log
Checking log directory for disk usage. This may take awhile.
Press Ctrl-C to interrupt
```

```
Done checking log file disk usage. Usage is <1GB.

started roslaunch server http://192.168.88.3:34103/

SUMMARY
========

PARAMETERS
 * /boolean:True
 * /dictionary/a:b
 * /dictionary/c:d
 * /float:1234.5
 * /integer:1234
 * /list:[1.0,'mixed list']
 * /param1:1
 * /param2:2
 * /param3:3
 * /param4:4
 * /param5:5
 * /param6:6
 * /pi:3.141592
 * /rosdistro:melodic
 * /rosversion:1.14.3
 * /server:['114.80.215.235'...
 * /string:foo
 * /url:http://www.up-tec...

NODES
  /
    exp_param_python (exp_param/exp_param.py)

  ROS_MASTER_URI=http://192.168.88.3:11311

  process[exp_param_python-1]:started with pid [29891]
  [INFO] [1565080394.351708]:Get param1 = 1
  [INFO] [1565080394.352691]:Get param2 = 2
  [INFO] [1565080394.356584]:/param3 exists
  [INFO] [1565080394.362113]:param list:
['/roslaunch/uris/host_192_168_88_3__37965',
'/roslaunch/uris/host_192_168_88_3__43773',
```

```
'/roslaunch/uris/host_192_168_88_3__33447',
'/roslaunch/uris/host_192_168_88_3__45419',
'/roslaunch/uris/host_192_168_88_3__41279',
'/roslaunch/uris/host_192_168_88_3__34103',
'/roslaunch/uris/host_192_168_88_3__46101',
'/exp_param/param1','/string',
'/rosversion','/run_id','/boolean','/float','/list','/server','/dictionary/a',
'/dictionary/c','/url','/param5','/param4','/param3','/param2','/param1',
'/rosdistro','/integer','/pi','/param6']
```

这是 Python 版的完整输出信息，使用"roslaunch"命令可以将所有的消息罗列出来，在运行一些开源项目时，会相对更加直观，可以直观地看到参数并根据需要修改参数。结合 Python 编写的源码查看输出，最后的"param list"就是源码中"get_param_names"命令得到的列表。在 Python 中，可以一次性获取所有的参数名，然后根据参数名对参数值进行修改、删除等操作。

同样地，运行实验的时候别忘了 ros 命令，与本实验密切相关的 ROS 命令是"rosparam"，例如，要查看参数信息，还可以使用"rosparam dump"命令：

```
uptech@ uptech-jhj:~/catkin_ide_ws $ rosparam dump
boolean:true
dictionary:{a:b,c:d}
exp_param:{param1:100}
float:1234.5
integer:1234
list:[1.0,mixed list]
param1:1
param2:2
param3:3
param4:4
param5:5
param6:6
pi:3.141592
```

命令行也可以实现类似"roscpp"命令的功能：

```
uptech@ uptech-jhj:~/catkin_ws $ rosparam get /pi
3.141592
uptech@ uptech-jhj:~/catkin_ws $ rosparam delete /pi
uptech@ uptech-jhj:~/catkin_ws $ rosparam get /pi
ERROR:Parameter [/pi] is not set
```

这样"pi"参数就删除了，然后再次使用"rosrun"命令运行程序，则会发现无法获取"pi"参数，再用"roslaunch"命令运行，则会发现"pi"参数又出来了。具体的操作和乐趣需要去研究、体味。

6. 实验总结

通过本次实验，进一步了解了 IDE 与命令行创建工程的差异性。与前面的实验相比，代码量增大了，但逻辑并没有增加，更多的是验证性操作，通过对具体的参数进行修改、删除、查询、打印从而体会 ROS 中参数的基本操作。本次实验结合 ROS 命令进行操作，进一步巩固了"rosparam"命令的使用。在 ROS 中使用 launch 文件携带参数添加要启动的节点，类似一个 shell 脚本，可以执行一系列的操作，让程序运行更简单。

5.3.6 实验六：WiFi 通信模块实验

1. 实验环境

- 硬件：捡乒乓球机器人、安装有 Ubuntu 系统的 PC 或虚拟机、AP6255 模块。
- 软件：ROS、Ubuntu 系统、Xshell。

2. 实验目的

- 了解 AP6255 WiFi 模块。
- 了解 AP6255 WiFi 驱动。
- 了解 Ubuntu 系统对 WiFi 模块的配置。

3. 实验内容

使用板载 WiFi 模块，添加驱动，安装 Ubuntu 网络工具，实现捡乒乓球机器人的 WiFi 上网功能（系统已经做好，可以当做自我练习）。

4. 实验原理

（1）基础环境　本实验在 PC 上编码、编译，然后使用 UUU 工具烧写到捡乒乓球机器人上，在机器人上安装对应的软件配置 WiFi，最后使用刚加入的 WiFi 模块上网。

（2）原理简述　ROS 系统是基于 Ubuntu 系统的机器人操作系统，Ubuntu 属于 Linux 系统，因此 ROS 驱动开发属于 Linux 驱动部分（ROS 下也有驱动的概念，一般是某个设备的 SDK），一般机器人都有较多的外设，某些设备需要添加特定的驱动。

5. 实验步骤

（1）WiFi 模块　捡乒乓球机器人采用的 UP 派主板已经集成了 WiFi 模块。UP 派集成的 AP6255 支持 2.4G、5G WiFi 网络，5G WiFi 可以很好地解决网络的卡、慢、拥堵问题。UP 派提供了原生千兆以太网，捡乒乓球机器需要移动，所以采用 WiFi 是必要的。

（2）驱动查看　首先将内核源码放到 Ubuntu 系统中（拷贝、U 盘、SSH 文件传输等都可以），然后解压内核源码。具体命令（内核源码文件名为"kernel-ubuntu-4.14.98.tar.bz2"）：

```
uptech@uptech-jhj:~ $ tar - vjxf kernel-4.14.98.tar.bz2
```

解压出来后，在当前目录下会多出一个"kernel-4.14.98"文件夹，这就是 i. MX8 的配套内核源码。接下来安装交叉编译器（如果 PC 上有交叉编译器，则不需要再次安装），首先使用命令搜索：

```
uptech@ uptech-jhj: ~/imx8/kernel-4.14.98 $ apt-cache search arm |
grep gcc | grep aarch64
    gcc-7-aarch64-linux-gnu - GNU C 编译器
    gcc-aarch64-linux-gnu - GNU C compiler for the arm64 architecture
    gcc-5-aarch64-linux-gnu - GNU C 编译器
    gcc-6-aarch64-linux-gnu - GNU C 编译器
    gccgo-aarch64-linux-gnu - Go compiler (based on GCC) for the arm64 ar-
chitecture
    gcc-8-aarch64-linux-gnu - GNU C compiler
    ...
```

这样就知道当前可以安装哪些交叉编译器了，内核是 C 语言，这里直接安装第一个"GNU Ccompiler"即可。使用如下命令进行安装：

```
uptech@ uptech-jhj:~ $ sudo apt install gcc-aarch64-linux-gnu
```

输入命令后按<Enter>键，在对话请求处输入"yes"或"y"，这样"gcc-aarch64-linux-gnu-*"就自动安装好了。输入"aar"后按<Tab>键，可以看到如下输出：

```
uptech@ uptech-jhj: ~/imx8/kernel-4.14.98 $ aarch64-linux-gnu-
aarch64-linux-gnu-addr2line      aarch64-linux-gnu-dwp        aarch64-
linux-gnu-gcc-nm       aarch64-linux-gnu-gdb-add-index      aarch64-linux-
gnu-nm      aarch64-linux-gnu-strings
    aarch64-linux-gnu-ar       aarch64-linux-gnu-elfedit       aarch64-linux-
gnu-gcc-ranlib      aarch64-linux-gnu-gfortran      aarch64-linux-gnu-objcopy
aarch64-linux-gnu-strip
    aarch64-linux-gnu-as       aarch64-linux-gnu-g++       aarch64-linux-gnu-
gcov      aarch64-linux-gnu-gprof      aarch64-linux-gnu-objdump
    aarch64-linux-gnu-c++       aarch64-linux-gnu-gcc       aarch64-linux-gnu-
gcov-dump      aarch64-linux-gnu-ld       aarch64-linux-gnu-ranlib
    aarch64-linux-gnu-c++filt       aarch64-linux-gnu-gcc-7.5.0       aarch64-
linux-gnu-gcov-tool      aarch64-linux-gnu-ld.bfd       aarch64-linux-gnu-readelf
    aarch64-linux-gnu-cpp       aarch64-linux-gnu-gcc-ar       aarch64-linux-
gnu-gdb      aarch64-linux-gnu-ld.gold       aarch64-linux-gnu-size
```

aar 补全的时候就说明 ARM 交叉编译器安装完成，可以看到一些命令后面带尾缀"7"，即 ARM 交叉编译器的版本是 7.x，可以使用"arm-linux-gnueabihf-gcc － v"来显示具体的版本号和配置信息等：

```
uptech@ uptech-jhj:~/imx8/kernel-4.14.98 $ aarch64-linux-gnu-gcc -v
使用内建 specs。
```

```
COLLECT_GCC=aarch64-linux-gnu-gcc
COLLECT_LTO_WRAPPER=/usr/aarch64-linux-gnu/bin/../libexec/gcc/
aarch64-linux-gnu/7.5.0/lto-wrapper
```

目标:aarch64-linux-gnu

配置为:'/home/tcwg-buildslave/workspace/tcwg-make-release_0/snap-shots/gcc.git~linaro-7.5-2019.12/configure' SHELL=/bin/bash --with-mpc=/home/tcwg-buildslave/workspace/tcwg-make-release_0/_build/builds/destdir/x86_64-unknown-linux-gnu --with-mpfr=/home/tcwg-builds-lave/workspace/tcwg-make-release_0/_build/builds/destdir/x86_64-un-known-linux-gnu --with-gmp=/home/tcwg-buildslave/workspace/tcwg-make-release_0/_build/builds/destdir/x86_64-unknown-linux-gnu --with-gnu-as --with-gnu-ld --disable-libmudflap --enable-lto --enable-shared --without-included-gettext --enable-nls --with-system-zlib --disable-sjlj-excep-tions --enable-gnu-unique-object --enable-linker-build-id --disable-libst-dcxx-pch --enable-c99 --enable-clocale=gnu --enable-libstdcxx-debug --ena-ble-long-long --with-cloog=no --with-ppl=no --with-isl=no --disable-mul-tilib --enable-fix-cortex-a53-835769 --enable-fix-cortex-a53-843419 --with-arch=armv8-a --enable-threads=posix --enable-multiarch --enable-libstdcxx-time=yes --enable-gnu-indirect-function --with-build-sysroot=/home/tcwg-buildslave/workspace/tcwg-make-release_0/_build/sysroots/aarch64-linux-gnu --with-sysroot=/home/tcwg-buildslave/workspace/tcwg-make-release_0/_build/builds/destdir/x86_64-unknown-linux-gnu/aarch64-linux-gnu/libc --enable-checking=release --disable-bootstrap --enable-languages=c,c++,fortran,lto --build=x86_64-unknown-linux-gnu --host=x86_64-unknown-linux-gnu --target=aarch64-linux-gnu --prefix=/home/tcwg-buildslave/workspace/tcwg-make-release_0/_build/builds/destdir/x86_64-unknown-linux-gnu

线程模型:posix

gcc 版本 7.5.0 (Linaro GCC 7.5-2019.12)

ARM 交叉编译器的内核是从官方 yocto 下拷贝过来的,需要稍微修改一下,打开"Makefile"文件:

```
uptech@uptech-jhj:~/kernel-4.14.98$ vi Makefile
```

在 Linux 下编辑文件一般采用 vi、vim 编辑器,vi 编辑器是 Linux 下最常用的编辑工具。在"CROSS_COMPILE"这个变量上,将之前的交叉编译工具链换成当前的:

```
ARCH            ?= $(SUBARCH)
CROSS_COMPILE   ?= $(CONFIG_CROSS_COMPILE:"%"=%)
```

修改后结果：

```
ARCH            ? = arm64
CROSS_COMPILE   ? = aarch64-linux-gnu-
```

当然也可以不改"Makefile"文件，而通过修改环境变量来实现，例如，在".bashrc"文件中这样写：

```
export ARCH=arm64
export CROSS_COMPILE=aarch64-linux-gnu-
```

这样写之后需要运行"source ~/.bashrc"才能生效。ARCH 是对应的架构，例如，这里的 SUBARCH 实际是一个 shell 命令得到的，可以执行"Makefile"文件中的命令看效果：

```
uptech@uptech-jhj:~/imx8/kernel-4.14.98 $    uname -m | sed -e s/i.86/
x86/ -e s/x86_64/x86/ \
>                       -e s/sun4u/sparc64/ \
>                       -e s/arm.*/arm/ -e s/sa110/arm/ \
>                       -e s/s390x/s390/ -e s/parisc64/parisc/ \
>                       -e s/ppc.*/powerpc/ -e s/mips.*/mips/ \
>                       -e s/sh[234].*/sh/ -e s/aarch64.*/arm64/
x86
```

可以看见是 x86 架构，因为使用的 PC 确实是 x86 架构的。接着说修改目的，也就是将先前的交叉编译器换成刚才安装的这个，"aarch64-linux-gnu-"后面具体是什么需要查看"Makefile"文件来确定，例如，"Makefile"文件中如下语句：

```
AS              = $ (CROSS_COMPILE)as
LD              = $ (CROSS_COMPILE)ld
CC              = $ (CROSS_COMPILE)gcc
```

即：

```
AS              = aarch64-linux-gnu-as
LD              = aarch64-linux-gnu-ld
CC              = aarch64-linux-gnu-gcc
```

因此，这里只需要修改"CROSS_COMPILE ? = aarch64-linux-gnu-"一句，其余不用改。然后使用"make menuconfig"命令进行图形化操作：

```
uptech@uptech-jhj:~/imx8/kernel-4.14.98 $ make menuconfig
HOSTCC   scripts/basic/fixdep
```

```
HOSTCC   scripts/basic/bin2c
HOSTCC   scripts/kconfig/mconf.o
HOSTCC   scripts/kconfig/zconf.tab.o
HOSTCC   scripts/kconfig/lxdialog/checklist.o
HOSTCC   scripts/kconfig/lxdialog/util.o
HOSTCC   scripts/kconfig/lxdialog/inputbox.o
...
```

接下来查看 WiFi 驱动，需要了解 WiFi 驱动属于设备驱动中的网络设备，AP6255 是博通生产的芯片，所以在内核里需要找到"broadcom"相关的代码。依次进入"Device Drivers > Network device support > Wireless LAN"，找到"Broadcom devices"并选中。具体怎么选中参考如图 5-36 所示界面的操作提示。

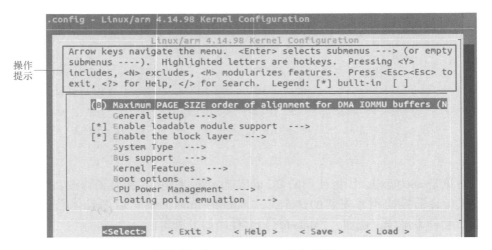

图 5-36 "make menuconfig"界面

如果按<y>键，则在如图 5-36 所示的界面中表现为 ∗，编译进内核，需要重新烧写内核，平台才能将这部分驱动加入。如果按<m>键，则在如图 5-36 所示的界面中表现为 M，编译成模块。如果编译成模块，则只需将"ko"文件放在机器人特定的位置，在每次运行的时候都需要使用"insmod"命令挂载，但是不用重新烧写内核。如果编译进内核重烧内核，则后面都不需要使用"insmod"命令。编译进内核对于机器人来说更方便，因此这里选择编译进内核（∗）。具体的操作如图 5-37 所示界面。

如果没有 AP6255 模块或者模块有问题，则需要根据自己的内核源码购买 USB WiFi 模块，UP 派提供了多个 USB 接口，可以方便地接入 USB WiFi。例如，在 USB Network Adapters 列表中可以看到支持的 USB WiFi 设备，如 RTL8152、Realtek 8153（主要看带"USB WiFi"字样的 item），根据需要选择购买即可。对于本实验，AP6255 的驱动不用修改，如果从外面买了 USB WiFi 模块，那么提供的源码往往需要修改，一般方法是将厂商提供的源码解压到内核对应的目录，例如，在 i. MX8 版机器人中这样操作：

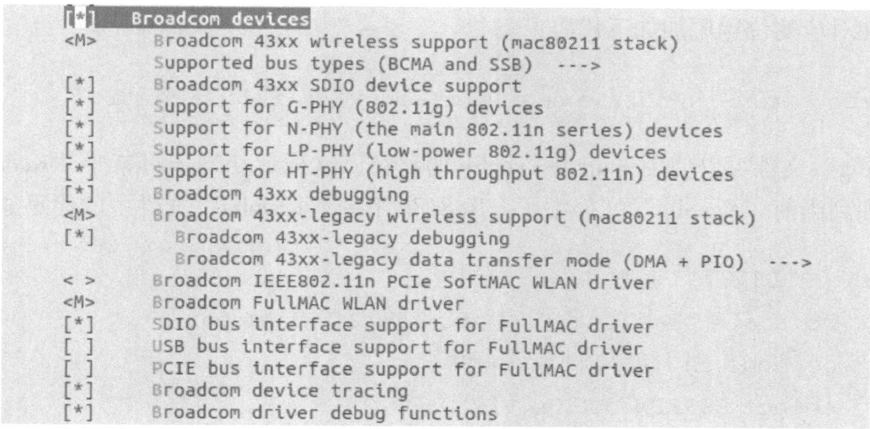

```
[*]   Broadcom devices
<M>     Broadcom 43xx wireless support (mac80211 stack)
        Supported bus types (BCMA and SSB)  --->
[*]     Broadcom 43xx SDIO device support
[*]     Support for G-PHY (802.11g) devices
[*]     Support for N-PHY (the main 802.11n series) devices
[*]     Support for LP-PHY (low-power 802.11g) devices
[*]     Support for HT-PHY (high throughput 802.11n) devices
[*]     Broadcom 43xx debugging
<M>     Broadcom 43xx-legacy wireless support (mac80211 stack)
[*]       Broadcom 43xx-legacy debugging
          Broadcom 43xx-legacy data transfer mode (DMA + PIO)  --->
< >     Broadcom IEEE802.11n PCIe SoftMAC WLAN driver
<M>     Broadcom FullMAC WLAN driver
[*]     SDIO bus interface support for FullMAC driver
[ ]     USB bus interface support for FullMAC driver
[ ]     PCIE bus interface support for FullMAC driver
[*]     Broadcom device tracing
[*]     Broadcom driver debug functions
```

图 5-37　选中要编译的条目

```
uptech@uptech-jhj:~/kernel-4.14.98 $ ls drivers/net/wireless/realtek/rtl8723bu/
convert_firmware.c  dkms.conf  Kconfig  os_dep  rtl8723b_fw.bin  rtl8723bu_nic.bin
convert_firmware.h  hal  Makefile  platform  rtl8723bu_ap_wowlan.bin  rtl8723bu_wowlan.bin
core  include  modules.builtin  README.md  rtl8723bu_bt.bin
```

当然在购买之前事先确认“drivers/net/wireless/”目录下是否有要买的模块驱动也是很重要的，这样可以减小修改的复杂程度。下面介绍怎么修改驱动。

（3）内核修改　要得到的界面包含 WiFi 条目，就需要修改对应的“Kconfig”文件。要想选中后能编译自己的驱动模块，就需要修改“Makefile”文件。AP6255 已经包含在 broadcom 中，无需修改，以 Realtek 818x 为例进行修改说明。“Kconfig”文件修改命令如下：

```
uptech@uptech-jhj:~/kernel-4.14.98 $ vi drivers/net/wireless/realtek/Kconfig
```

“Kconfig”文件有编写规则、语法，一般格式如下：

```
菜单入口 "菜单入口名"
[依赖]
[反向依赖]
[引入其他 Kconfig 文件]
......
[帮助]
```

然后在对应的位置添加如下代码：

```
source "drivers/net/wireless/realtek/rtl818x/Kconfig"
```

"Kconfig" 文件可以使用 source+Kconfig 的路径，这样就相当于将某个 "Kconfig" 文件的内容添加到当前 "Kconfig" 文件中了。Rtl818x 下的 "Kconfig" 文件中的代码如下：

```
config RTL8187
        tristate "Realtek 8187 and 8187B USB support"
        depends on MAC80211 && USB
        select EEPROM_93CX6
        ---help---
          This is a driver for RTL8187 and RTL8187B based cards.
```

这里需要注意 "config" 后面的 "RTL8187"，在 "Makefile" 文件中会用到这个关键字。接下来修改 "Makefile" 文件，添加内容如下：

```
obj-$ (CONFIG_RTL8187)  += rtl8187/
```

这里的 CONFIG_ 是固定的，后面的 RTL8187 就是 "Kconfig" 文件中 "config" 后面的关键字，两者保持一致即可，具体写什么可以随意选择，但最好写一些有意义的字母，例如，这里写 "RTL8187"，"RTL" 代表的 "Realtek"，"8187" 代表的是具体的产品。

驱动代码是否需要修改取决于内核版本，如果厂商提供的恰好就是当前使用的版本，则无需任何修改，如果厂商提供的低于当前内核版本，很可能需要修改。一般修改体现在 "os_dep" 目录下，根据编译错误提示进行修改。AP6255 不需要修改，所以这里以8187 为例进行说明。

（4）编译　Linux 内核的编译非常简单，只需要在内核源码的根目录下运行 "make" 命令即可。在编译的时候可能会报错，根据错误进行修改。如果没什么问题最后会出现如下的输出：

```
root@ uptech-jhj:~/kernel-4.14.98#make
......
LD [M]  net/netfilter/xt_conntrack. ko
LD [M]  net/netfilter/xt_tcpudp. ko
LD [M]  sound/core/snd-hwdep. ko
LD [M]  sound/usb/snd-usbmidi-lib. ko
LD [M]  sound/usb/snd-usb-audio. ko
LD [M]  sound/soc/codecs/snd-soc-hdmi-codec. ko
root@ uptech-jhj:~/kernel-4.14.98#
```

在运行 "make" 命令时后面可以增加参数，下面简单介绍常用参数。"make" 命令可以使用-f 参数指定 Makefile 文件，上面直接使用"make"命令是因为将"Makefile"文件命名为"Makefile"或"makefile"，往往在第三方库里可以看到"makefile. linux""makefile. arm"等文件，这种情况就需要使用-f 参数了。"make"命令可以使用-j 参数来提速编译，j 即为jobs，可以理解为程序的多线程，"make"命令是单线程干一件事，"make -j4"命令则为4 个线程干一件事，处理速度更快。此外，-d 参数表示 debug 模式，-i 参数用于输出隐藏规则等，具体的含义、用法可以在以后的学习中不断熟悉。

（5）烧写　将 WiFi 驱动烧写进 i. MX8 核心板也是一个关键的步骤。首先将刚才编译好的"Image"文件下载到 Windows 平台（在 Linux 下也可以烧写，这里不叙述）；内核编译完成后会在"arch/arm64/boot"目录下生成内核镜像，"arch"下面有多个目录，根据前面修改"Makefile"文件的"ARCH = arm64"，这里的目录就是"arch/arm64/boot"，ARCH 可以是 arm、arm64、x86、mips 等，与处理器相关。这里以 Xshell 为例，方法如下：

```
root@ uptech-jhj:~/kernel-4.14.98# sz arch/arm64/boot/Image
```

将"Image"文件放在烧写工具的"burn_sd"目录下，烧写过程如图 5-38 所示。烧写请直接查看"UP 派套装平台 IMX8 烧写文档 . pdf"文档。

当烧写完毕后，将拨码设置回原来的启动方式，系统会再次启动。可以使用"ifconfig-a"命令查看，信息如下：

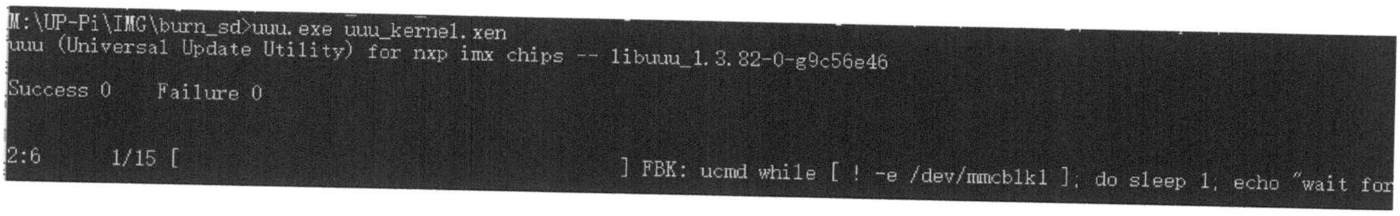

```
M:\UP-Pi\IMG\burn_sd>uuu.exe uuu_kernel.xen
uuu (Universal Update Utility) for nxp imx chips -- libuuu_1.3.82-0-g9c56e46

Success 0    Failure 0


2:6     1/15 [                                    ] FBK: ucmd while [ ! -e /dev/mmcblk1 ]; do sleep 1; echo "wait for
```

图 5-38　烧写过程

```
uptech@ imx8mm:~ $ ifconfig -a
eth0:flags=4163<UP,BROADCAST,RUNNING,MULTICAST>  mtu 1500
    inet 192. 168. 88. 58  netmask 255. 255. 255. 0  broadcast 192. 168. 88. 255
    inet6 fe80::15c5:4e47:57e7:f797  prefixlen 64  scopeid 0x20<link>
    ether 0e:6a:11:2d:a7:7d  txqueuelen 1000   （以太网）
    RX packets 74471  bytes 11701268 (11. 7 MB)
    RX errors 0  dropped 0  overruns 0  frame 0
    TX packets 4229  bytes 376375 (376. 3 KB)
    TX errors 0  dropped 0 overruns 0  carrier 0  collisions 0

lo:flags=73<UP,LOOPBACK,RUNNING>  mtu 65536
    inet 127. 0. 0. 1  netmask 255. 0. 0. 0
    inet6::1  prefixlen 128  scopeid 0x10<host>
    loop  txqueuelen 1000   （本地环回）
```

```
RX packets 479  bytes 74923 (74.9 KB)
RX errors 0  dropped 0  overruns 0  frame 0
TX packets 479  bytes 74923 (74.9 KB)
TX errors 0  dropped 0 overruns 0  carrier 0  collisions 0

wlan0:flags=4099<UP,BROADCAST,MULTICAST>  mtu 1500
   ether cc:b8:a8:14:d0:d4  txqueuelen 1000  (以太网)
   RX packets 5328  bytes 735569 (735.5 KB)
   RX errors 0  dropped 0  overruns 0  frame 0
   TX packets 344  bytes 32618 (32.6 KB)
   TX errors 0  dropped 0 overruns 0  carrier 0  collisions 0
```

当前的"net"设备包含"eth0""lo""wlan0"结果,"wlan0"的出现,说明能正常识别设备并加载驱动了,接下来进行 WiFi 设备测试。

(6) 测试 Linux 下测试 WiFi 的工具使用最多的是"iw"系列命令,而这些命令不是 Linux 本身就拥有的,需要安装。使用如下命令进行安装:

```
apt install wireless-tools
```

平时使用的 WiFi 为了安全,都是加密的,wpa 加密最为常用,因此平台还需要安装 "wpa"加密、解密软件,使用如下命令安装:

```
apt install wpasupplicant
```

安装以上工具后,"iw"系列命令就出来了,"wpa"系列命令也出来了,下面简单介绍一下这些命令。首先介绍"iwlist"命令,用法如下:

```
Usage:iwlist [interface] scanning [essid NNN] [last]
        [interface] frequency
        [interface] channel
        [interface] bitrate
        [interface] rate
        [interface] encryption
        [interface] keys
        [interface] power
        [interface] txpower
        [interface] retry
        [interface] ap
        [interface] accesspoints
        [interface] peers
        [interface] event
```

```
［interface］auth
［interface］wpakeys
［interface］genie
［interface］modulation
```

这里的"interface"节点在"/proc/net/wireless"中，可以直接使用"cat"命令查看：

```
uptech@ imx8mm:~ $   cat /proc/net/wireless
Inter-| sta-| Quality      | Discarded packets     |Missed |WE
face |tus |link level noise | nwid  crypt  frag  retry  misc |beacon |22
wlan0:0000    0    0    0    0    0    0    0    0       0
```

得到"interface"节点后就可以使用"iwlist"命令进行各种信息的查看和显示了。例如，扫描无线网络设备：

```
uptech@ imx8mm:~ $ iwlist wlan0 scanning
wlan0     Scan completed:
        Cell 01 - Address:B0:95:8E:A8:63:A7
                Channel:6
                Frequency:2.437 GHz (Channel 6)
                Quality=70/70  Signal level=-7 dBm
                Encryption key:on
                ESSID:"dlink_Yanfa"
                Bit Rates:1 Mb/s;2 Mb/s;5.5 Mb/s;11 Mb/s;6 Mb/s
                        9 Mb/s;12 Mb/s;18 Mb/s
                Bit Rates:24 Mb/s;36 Mb/s;48 Mb/s;54 Mb/s
......
```

可以将当前环境下的无线网络设备罗列出来（如果不能罗列，则说明驱动有问题，需根据调试信息修改驱动），这相当于手机打开 WiFi 后的搜索和列表显示功能。

"iwconfig"命令用于系统配置无线网络设备或者显示无线网络设备信息，它的作用类似于"ifconfig"命令，只不过它配置的对象是无线设备节点。下面以"iwlist"命令扫描出来的嵌入式设备为例进行配置：

```
uptech@ imx8mm:~ $ iwlist wlan0 scanning |grep SSID
                ESSID:"HolidayInnExpress"
                ESSID:"dlink_Yanfa"
                ESSID:"DDWH-2.4"
                ESSID:"DIRECT-52490CDC"
                ESSID:"dlink"
```

```
                    ESSID:"HUAWEI-1A89"
                    ESSID:"industry_IOT"
                    ESSID:" Note20Ultra"
                    ESSID:" 5050"
                    ESSID:" qianrushi_5G_D3B6"
                    ESSID:" industry_IOT"
                    ESSID:" HAD-2.4G"
                    ESSID:" KYRT"
uptech@ imx8mm: ~ $ sudo iwconfig wlan0 essid qianrushi_5G_D3B6
```

AP6255 支持 5G WiFi，这里以"qianrushi_5G"为例说明。使用"iwconfig"命令配置的"interface"节点为"wlan0"，配置 ESSID 为"qianrushi_5G_D3B6"，然后可以使用"iwconfig"命令查看节点信息：

```
uptech@ imx8mm:~ $ iwconfig wlan0
wlan0     IEEE 802.11  ESSID:"qianrushi_5G_D3B6"
          Mode: Managed  Access Point: Not-Associated  Tx-Power=31 dBm
          Retry short limit: 7  RTS thr: off  Fragment thr: off
          Power Management: on
```

注意，这里只是配置上了要连接的 ESSID，还不能上网！

"iw"命令是一种新的基于 nl80211 的用于无线设备的 CLI 配置使用程序，拥有比"iwconfig"命令更强的功能并支持最新的驱动程序，有取代"iwconfig"命令趋势。具体用法可以使用"iw help"进行查看。可以使用"iw list"命令查看设备的所有功能，如带宽信息、802.11 等，可以使用"iw wlan0 scan"命令进行扫描：

```
uptech@ imx8mm:~ $ sudo iw wlan0 scan
BSS 74:05:a5:be:30:6b(on wlan0)
TSF:0 usec (0d,00:00:00)
 freq:2462
 beacon interval:100 TUs
 capability:ESS Privacy ShortSlotTime (0x0411)
 signal:-83.00 dBm
 last seen:0 ms ago
 SSID:HAD-2.4G
 Supported rates:1.0 * 2.0 * 5.5 * 11.0 * 9.0 18.0 36.0 54.0
.....
```

"wpa_supplicant"工具包提供了如下命令：

```
uptech@ imx8mm:~# wpa_
wpa_action        wpa_cli        wpa_passphrase  wpa_supplicant
```

"wpa_supplicant" 工具包使用很广泛，可用于 Linux、Android 等平台。这里简单说一下 "wpa_supplicant" 工具包的服务。安装 "wpa_supplicant" 工具包后系统会自动添加 "wpa_supplicant" 的服务，目录如下：

```
/lib/systemd/system/wpa_supplicant.service
/lib/systemd/system/wpa_supplicant@.service
/lib/systemd/system/wpa_supplicant-wired@.service
```

"wpa_supplicant.service" 服务是使用 D-Bus 来交互的，如果系统需要使用，则一般需要安装 "networkManager；wpa_supplicant@.service" 服务接收接口，以接口名作为参数，并且该接口启动 "wpa_supplicant" 工具守护进程，它会读取 "/etc/wpa_supplicant/wpa_supplicant-interface.conf" 配置文件；"wpa_supplicant-wired@.service" 服务是使用 wired 驱动的特定接口服务，它会读取 "/etc/wpa_supplicant/wpa_supplicant-wiredinterface.conf" 配置文件。

"wpa_supplicant" 命令可以启动 "wpa_supplicant" 程序，实现 WiFi 的连接需求，具体的命令：

```
usage:
  wpa_supplicant [-BddhKLqqstuvW] [-P<pid file>] [-g<global ctrl>] \
      [-G<group>] \
    -i<ifname>-c<config file> [-C<ctrl>] [-D<driver>] [-p<driver_
param>] \
      [-b<br_ifname>] [-e<entropy file>] [-f<debug file>] \
      [-o<override driver>] [-O<override ctrl>] \
      [-N-i<ifname>-c<conf> [-C<ctrl>] [-D<driver>] \
      [-m<P2P Device config file>] \
      [-p<driver_param>] [-b<br_ifname>] [-I<config file>] ...]

drivers:
  nl80211 = Linux nl80211/cfg80211
  wext = Linux wireless extensions (generic)
  wired = Wired Ethernet driver
  none = no driver (RADIUS server/WPS ER)
```

"wpa_passphrase" 工具可以自动生成配置文件，当连接加密的 WiFi 时是非常有用的，接下来就以 "qianrushi" 为例来生成配置文件：

```
uptech@ imx8mm:~ $ wpa_passphrase qianrushi_5G_D3B6 qianrushibumen
network= {
 ssid=" qianrushi_5G_D3B6"
 #psk=" qianrushibumen"
 psk=ffef66e7b4faa261cb2eeb5715653eb56df9225ebdf6868c8a8e30315c
d7f1a1
 }
```

可以看到"wpa_passphrase"命令自动生成了"psk"信息,然后将这段信息拷贝到"/etc/wpa_supplicant/wpa_supplicant. conf"文件中(没有就创建该文件)。这里是为了获得更好的实验效果,而在实际的操作中,一般使用重定向的方式,这样就不用拷贝,也能避免拷贝出错:

```
wpa_passphrase qianrushi_5G_D3B6 qianrushibumen > /etc/wpa_suppli-
cant/wpa_supplicant. conf
```

"wpa_cli"命令比较复杂,功能强大,这里不多介绍,下面就使用这些工具来连接WiFi。下面的演示会启动"wpa_supplicant"服务,为了避免冲突,首先利用"systemctl stop wpa_supplicant"命令将已经启动的"wpa_supplicant"服务停止。下面就演示连接"dlink_Yanfa"WiFi:

```
uptech@ imx8mm:~ $ iwconfig wlan0
wlan0    IEEE 802.11  ESSID:"qianrushi_5G_D3B6"
         Mode: Managed  Access Point: Not-Associated  Tx-Power=31 dBm
         Retry short limit: 7  RTS thr: off  Fragment thr: off
         Power Management: on
uptech@ imx8mm: ~ $ sudo-s
root@ imx8mm: ~#wpa_passphrase dlink_Yanfa 1234554321 >
/etc/wpa_supplicant/wpa_supplicant. conf
root@ imx8mm: ~#wpa_supplicant-B-i wlx0013eff51578-c
/etc/wpa_supplicant/wpa_supplicant. conf
Successfully initialized wpa_supplicant
rfkill: Cannot open RFKILL control device
root@ imx8mm: ~# iwconfig wlan0
wlan0 IEEE 802.11  ESSID:" dlink_Yanfa"
         Mode: Managed Frequency: 2.462 GHz Access Point: B0: 95:
8E: A8: 63: A7
         Bit Rate=150 Mb/s  Tx-Power=12 dBm
         Retry short limit: 7  RTS thr: off  Fragment thr: off
```

```
Encryption key:off
Power Management:on
Link Quality=47/70  Signal level=-63 dBm
Rx invalid nwid:0  Rx invalid crypt:0  Rx invalid frag:0
Tx excessive retries:0  Invalid misc:0  Missed beacon:0
```

此时可以看到，已经连接上"dlink_Yanfa"WiFi 了，连接速度是 150Mb/s。到这里还没结束，连接上但是还没获取 IP 地址，使用"ifconfig"命令查看的结果如下：

```
root@ imx8mm:~# ifconfig wlan0
wlan0:flags=4163<UP,BROADCAST,RUNNING,MULTICAST>  mtu 1500
        ether 00:13:ef:f5:15:78  txqueuelen 1000   (Ethernet)
        RX packets 38  bytes 9128 (9.1 KB)
        RX errors 0  dropped 0  overruns 0  frame 0
        TX packets 2  bytes 288 (288.0 B)
        TX errors 0  dropped 0 overruns 0  carrier 0  collisions 0
```

需要获取 IP，可使用"dhclient"命令：

```
root@ imx8mm:~# dhclient wlan0
root@ imx8mm:~# ifconfig wlan0
wlan0:flags=4163<UP,BROADCAST,RUNNING,MULTICAST>  mtu 1500
        inet 192.168.12.106  netmask 255.255.255.0  broadcast 192.168.12.255
        ether 00:13:ef:f5:15:78  txqueuelen 1000   (Ethernet)
        RX packets 78  bytes 17185 (17.1 KB)
        RX errors 0  dropped 13  overruns 0  frame 0
        TX packets 24  bytes 4193 (4.1 KB)
        TX errors 0  dropped 0 overruns 0  carrier 0  collisions 0
```

利用"ping"命令检查一下局域网内的某个 IP 的网络连通性：

```
root@ imx8mm:~ #ping 192.168.12.101
PING 192.168.12.101 (192.168.12.101) 56(84) bytes of data.
64 bytes from 192.168.12.101:icmp_seq=1 ttl=64 time=426 ms
64 bytes from 192.168.12.101: icmp_seq=2 ttl=64 time=136 ms
64 bytes from 192.168.12.101: icmp_seq=3 ttl=64 time=165 ms
64 bytes from 192.168.12.101: icmp_seq=4 ttl=64 time=184 ms
```

再利用"ping"命令检查一下外网的网络连通性，以百度为例，有：

```
root@ imx8mm:~ # ping www.baidu.com
PING www.wshifen.com (103.235.46.39) 56(84) bytes of data.
64 bytes from 103.235.46.39 (103.235.46.39):icmp_seq=1 ttl=44 time
=315 ms
64 bytes from 103.235.46.39 ( 103.235.46.39 ) : icmp_seq = 2 ttl = 44
time=315 ms
64 bytes from 103.235.46.39 ( 103.235.46.39 ) : icmp_seq = 3 ttl = 44
time=316 ms
```

至此，可以看到驱动、"wpa_supplicant"程序都没问题了。

（7）相关软件　ROS 是基于 Ubuntu 系统的，Ubuntu 作为一款 Linux 主流操作系统，桌面版已经包含了很多软件。连接 WiFi 也有 UI 直接操作的软件。机器人默认安装的是 xubuntu 系统，已经安装了相关软件，在通知栏处有网络操作的 UI（见图 5-39），如果没有，安装下面的软件包即可：

```
apt install network-manager-gnome
```

图 5-39　UI 连接 WiFi

使用 UI 连接 WiFi 确实方便，但连接鼠标、键盘会增加麻烦，可以用触摸屏代替鼠标，用系统中的软键盘替代键盘。单击左上角的图标，在弹出的下拉框中找到"OnBoard"选项，双击打开软键盘，长按软键盘将其拖到桌面，然后在需要输入的地方就可以使用软键盘进行输入了。

（8）拓展　加入 WiFi 驱动是为了更好地为 ROS 服务，接下来以最开始的乌龟为例，解锁乌龟新姿势。

修改".bashrc"文件，将原来获取本地 IP 的位置写成 PC 上的 IP，效果如下：

```
export ROS_IP=192.168.88.36
#export ROS_IP=`hostname-I | awk'{print $ 1}"
```

```
export DISPLAY=:0
export ROS_HOSTNAME=192.168.88.36
#export ROS_HOSTNAME='hostname-I | awk'{print $ 1}"
export ROS_MASTER_URI=http://192.168.88.36:11311
```

这里的"192.168.88.36"是 Ubuntu PC 的 IP 地址，说明网配好了，将 master 运行在 PC 上。然后更新一下环境：

```
uptech@imx8mm:~$ source.bashrc
```

在 PC 上启动"roscore"节点，从而启动 master，命令如下：

```
root@uptech-jhj:~# roscore
```

然后启动操作节点，命令如下：

```
uptech@uptech-jhj:~$ rosrun turtlesim turtle_teleop_key
Reading from keyboard
---------------------------
Use arrow keys to move the turtle.
```

接下来回到机器人终端，启动乌龟节点：

```
uptech@imx8mm:~$ rosrun  turtlesim  turtlesim_node
```

如图 5-40 所示，在 PC 端运行"turtle_teleop_key"并通过上、下、左、右箭头控制乌龟

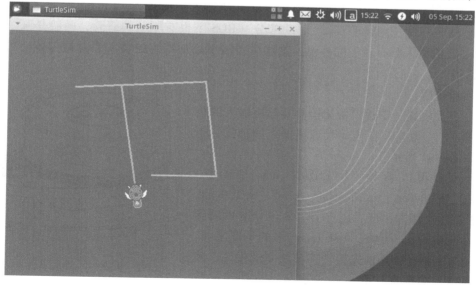

图 5-40　乌龟运行效果图

爬行，它们之间的交互就是通过刚才添加的 WiFi 进行的。反复使用这个实例进行调试，让操作不会存在问题，通过这种方式将 master 和 node 分离（从处理器的角度），减小了 i.MX8 的工作负担，它只需要订阅主题然后移动乌龟，相对来说更流畅。

6. 实验总结

通过本次实验，将 WiFi 模块接入机器人中，通过修改内核将驱动加入，然后根据常用的调试、测试方法对驱动进行测试，使用命令行连接 WiFi，最后简单介绍使用 UI 连接 WiFi 的方法。WiFi 功能可以使机器人持续联网，这对机器人来说是必备、关键的功能。最后的拓展以 TurtleSim 节点为例，展示了在 ROS 中合理分布节点，有利于提高机器人的流畅性、可操作性。

5.3.7 实验七：雷达节点模块实验

1. 实验环境
- 硬件：捡乒乓球机器人、安装有 Ubuntu 系统（虚拟机也可以）的 PC、雷达模块。
- 软件：ROS、Ubuntu 系统、Xshell。

2. 实验目的
- 了解雷达模块的驱动接口。
- 了解雷达模块的通信方式。
- 熟悉 Linux 系统下的驱动开发流程。

3. 实验内容

根据配套的雷达模块添加雷达通信驱动，根据雷达模块的资料，了解雷达模组的相关构成和通信接口，根据 SDK、demo 进一步了解雷达模块，认识雷达模块的数据信息。

4. 实验原理

（1）基础环境　本实验在 PC 上编码、编译，然后使用 MFGTools 工具烧写到捡乒乓球机器人上，在捡乒乓球机器人上验证雷达模组是否正常工作。

（2）原理简述　ROS 是基于 Ubuntu 系统的机器人操作系统，Ubuntu 系统属于 Linux 系统，因此 ROS 驱动开发属于 Linux 驱动部分（ROS 下也有驱动的概念，一般是某个设备的 SDK），一般机器人都有较多的外设，某些设备需要添加特定的驱动来打通与核心模块之间的交互路径。

5. 实验步骤

（1）寻找模块　雷达模块为捡乒乓球机器人的核心模块之一，一般安装在捡乒乓球机器人的顶部，模块外观如图 5-41 所示。

模块资料可以参考"RPLIDAR \ doc \ LM108_SLAMTEC_rplidarkit_usermaunal_A1M8_v 1.0_cn.pdf"，根据这个用户手册，还有个串口转 USB 的转接模块，另一端接 micro USB。从 Linux 层的角度来看，本次实验的主要任务是首先将转接模块驱动做好，然后读写串口，实现雷达数据的获取与雷达模组的控

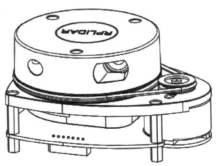

图 5-41　雷达模块

制。从用户手册了解到这是一个 CP2102 的转换模块，由此确定要攻克的主要目标。查看芯片封装为 QFN28，然后在 https://cn. silabs. com/网站中查看是否有驱动，经过搜寻，找到驱动（先确认内核中是否包含了这部分驱动）。

（2）驱动查看　首先将内核源码放到 Ubuntu 系统中（拷贝、U 盘、SSH 文件传输等都可以），然后解压内核源码。具体命令（内核源码文件名为"kernel-4.14.98. tar. bz2"）：

```
uptech@ uptech-jhj:~ $ tar-vjxf kernel-4.14.98.tar.bz2
```

解压后当前目录下会多出一个"kernel-4.14.98"的文件夹，这就是 i. MX8 的配套内核源码。接下来安装交叉编译器（如果 PC 上有交叉编译器，则不需要再次安装），首先使用命令搜索：

```
uptech@ uptech-jhj:~ $ apt-cache search arm |grep gcc |grep aarch64
gcc-7-aarch64-linux-gnu- GNU C 编译器
gcc-aarch64-linux-gnu- GNU C compiler for the arm64 architecture
gcc-5-aarch64-linux-gnu- GNU C 编译器
gcc-6-aarch64-linux-gnu- GNU C 编译器
gccgo-aarch64-linux-gnu- Go compiler (based on GCC) for the arm64 ar-
chitecture
gcc-8-aarch64-linux-gnu- GNU C compiler
```

这样就知道当前可以安装哪些交叉编译器了，内核是 C 语言，这里直接安装第二个 GNU C compiler 即可。使用如下命令进行安装：

```
uptech@ uptech-jhj:~ $ sudo apt install gcc-aarch64-linux-gnu
```

输入命令后按<Enter>键，在对话请求处输入"yes"或"y"。这样就自动将"aarch64-linux-gnu-*"安装好了。输入"aarch64"后按<Tab>键，可以看到如下输出：

```
uptech@ uptech-jhj:~/imx8/kernel-4.14.98 $ aarch64-linux-gnu-
aarch64-linux-gnu-addr2line   aarch64-linux-gnu-elfedit   aarch64-
linux-gnu-gcov aarch64-linux-gnu-ld aarch64-linux-gnu-readelf
aarch64-linux-gnu-ar aarch64-linux-gnu-g++ aarch64-linux-gnu-gcov-
dump aarch64-linux-gnu-ld.bfd aarch64-linux-gnu-size
aarch64-linux-gnu-as aarch64-linux-gnu-gcc aarch64-linux-gnu-gcov-
tool aarch64-linux-gnu-ld.gold aarch64-linux-gnu-strings
aarch64-linux-gnu-c++ aarch64-linux-gnu-gcc-7.5.0 aarch64-linux-
gnu-gdb aarch64-linux-gnu-nm aarch64-linux-gnu-strip
aarch64-linux-gnu-c++filt aarch64-linux-gnu-gcc-ar aarch64-linux-
gnu-gdb-add-index aarch64-linux-gnu-objcopy
```

```
aarch64-linux-gnu-cpp    aarch64-linux-gnu-gcc-nm    aarch64-linux-gnu-
gfortran    aarch64-linux-gnu-objdump
    aarch64-linux-gnu-dwp    aarch64-linux-gnu-gcc-ranlib    aarch64-linux-
gnu-gprof    aarch64-linux-gnu-ranlib
```

aarch604 补全的时候就说明 ARM 交叉编译器安装完成，可以看到一些命令后面带尾缀 7，即 ARM 交叉编译器的版本是 7. x，可以使用"aarch64-linux-gnu-gcc-v"命令来显示具体的版本号：

```
uptech@ uptech-jhj:~/imx8/kernel-4.14.98 $ aarch64-linux-gnu-gcc-v
使用内建 specs。
COLLECT_GCC=aarch64-linux-gnu-gcc
COLLECT_LTO_WRAPPER=/usr/aarch64-linux-gnu/bin/../libexec/gcc/
aarch64-linux-gnu/7.5.0/lto-wrapper
目标:aarch64-linux-gnu
配置为:'/home/tcwg-buildslave/workspace/tcwg-make-release_0/snap-
shots/gcc.git~linaro-7.5-2019.12/configure'SHELL=/bin/bash--with-mpc=/
home/tcwg-buildslave/workspace/tcwg-make-release_0/_build/builds/
destdir/x86_64-unknown-linux-gnu--with-mpfr=/home/tcwg-buildslave/
workspace/tcwg-make-release_0/_build/builds/destdir/x86_64-unknown-
linux-gnu--with-gmp=/home/tcwg-buildslave/workspace/tcwg-make-release_
0/_build/builds/destdir/x86_64-unknown-linux-gnu--with-gnu-as--with-gnu-
ld--disable-libmudflap--enable-lto--enable-shared--without-included-get-
text--enable-nls--with-system-zlib--disable-sjlj-exceptions--enable-gnu-u-
nique-object--enable-linker-build-id--disable-libstdcxx-pch--enable-c99--en-
able-clocale=gnu--enable-libstdcxx-debug--enable-long-long--with-cloog=no--
with-ppl=no--with-isl=no--disable-multilib--enable-fix-cortex-a53-835769--
enable-fix-cortex-a53-843419--with-arch=armv8-a--enable-threads=posix--ena-
ble-multiarch--enable-libstdcxx-time=yes--enable-gnu-indirect-function--
with-build-sysroot=/home/tcwg-buildslave/workspace/tcwg-make-release_
0/_build/sysroots/aarch64-linux-gnu--with-sysroot=/home/tcwg-builds-
lave/workspace/tcwg-make-release_0/_build/builds/destdir/x86_64-un-
known-linux-gnu/aarch64-linux-gnu/libc--enable-checking=release--disa-
ble-bootstrap--enable-languages=c,c++,fortran,lto--build=x86_64-un-
known-linux-gnu--host=x86_64-unknown-linux-gnu--target=aarch64-linux-
gnu--prefix=/home/tcwg-buildslave/workspace/tcwg-make-release_0/_build/
builds/destdir/x86_64-unknown-linux-gnu
线程模型:posix
gcc 版本 7.5.0 (Linaro GCC 7.5-2019.12)
```

可以看见 ARM 交叉编译器的版本、配置等。内核是从创新创客智能硬件平台获取的，需要稍微修改一下，打开"Makefile"文件：

```
uptech@uptech-jhj:~/kernel-4.14.98 $ vi Makefile
```

在"CROSS_COMPILE"这个变量上，将之前的交叉编译工具链换成当前的：

```
ARCH          ? = $ (SUBARCH)
CROSS_COMPILE ? = $ ( CONFIG_CROSS_COMPILE:"%" =% )
```

修改后：

```
ARCH          = arm64
CROSS_COMPILE = aarch64-linux-gnu-
```

关于"arm-linux-gnueabihf-"后面具体是什么，需要查看"Makefile"文件，例如，"Makefile"文件中如下语句：

```
AS          = $ (CROSS_COMPILE ) as
LD          = $ ( CROSS_COMPILE ) ld
CC          = $ ( CROSS_COMPILE ) gcc
```

即：

```
AS          = aarch64-linux-gnu-as
LD          = aarch64-linux-gnu-ld
CC          = aarch64-linux-gnu-gcc
```

因此这里只需要修改"CROSS_COMPILE = aarch64-linux-gnu-"一句，其余不用改。然后使用"make menuconfig"命令进行图形化操作：

```
uptech@uptech-jhj:~/kernel-4.14.98 $ make menuconfig
HOSTCC   scripts/basic/fixdep
HOSTCC   scripts/kconfig/conf.o
```

接下来查看 CP2102 的驱动，需要了解 CP2102 驱动属于设备驱动中的串口设备。USB 驱动已经调试完成，因此不用担心 USB 驱动问题。下面依次进入"Device Drivers > USB support > USB Serial Converter support"，然后在当前页面找有没有类似"CP21"字样的 item，有就选中它。具体怎么选中参考如图 5-42 所示界面的操作提示。

如果按<y>键，则在如图 5-42 所示的界面中表现为 ＊，编译进内核，需要重新烧写内核，平台才能将这部分驱动加入。如果按<m>键，则在如图 5-42 所示的界面表现为 M，编译成模块。如果编译成模块，则只需将"ko"文件放在机器人特定的位置，在每次运行的时候都需要使用"insmod"命令挂载，但是不用重新烧写内核。如果编译进内核重烧内核，

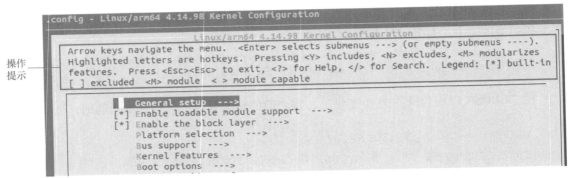

图 5-42 "make menuconfig" 界面

则后面都不需要使用"insmod"命令。编译进内核对于机器人来说更方便，因此这里选择编译进内核（＊）。

仔细找一下，发现有一行语句为"USB CP210x family of UART Bridge Controllers"，说明驱动已经安装完备，只需选中。选中之后进入源码目录"drivers/usb/serial"。然后将设备接入机器人，使用"lsusb"命令查看"vid"和"pid"内容：

```
uptech@ imx8mm:~＃lsusb
Bus  001  Device  008: ID 10c4: ea60  Cygnal  Integrated  Products,
Inc.CP210x UART Bridge / myAVR mySmartUSB light
```

为了进一步确认是否包含当前设备信息，在源码目录下搜索：

```
root@ uptech-jhj:~/kernel-4.14.98/drivers/usb/serial# grep-r "ea60" *
```

可见这里什么也没搜到，但是"ea60"是 product ID，是 16 进制数据，一般在代码中的规范写法是大写，于是再来一次：

```
root@uptech-jhj:~/kernel-4.14.98/drivers/usb/serial# grep-r "EA60" *
cp210x.c:{ USB_DEVICE ( 0x10C4, 0xEA60 ) }, /* Silicon Labs factory
default */
cp210x.c: { USB_DEVICE ( 0x2626, 0xEA60 ) }, /* Aruba Networks 7xxx
USB Serial Console */
```

可以看到包含了当前产品的 ID，因此基本确定驱动不用修改。要不要修改取决于后面的测试，以及设备基于这个驱动能不能正常工作。

（3）源码逻辑　在已知源码的情况下（上面搜到的是"cp210x.o"），首先看"Makefile"文件，按照关键信息查看：

```
obj-$ (CONFIG_USB_SERIAL_CP210X)           += cp210x.o
```

然后查看"Kconfig"文件，根据"Kconfig"和"Makefile"命名的关系，在"Kconfig"文件中搜索"USB_SERIAL_CP210X"，显示如下：

```
config USB_SERIAL_CP210X
        tristate " USB CP210x family of UART Bridge Controllers"
        help
        Say Y here if you want to use a CP2101/CP2102/CP2103 based USB
        to RS232 converters.

        To compile this driver as a module, choose M here: the
        module will be called cp210x.
```

因此在前面凭经验选中 "USB CP210x family of UART Bridge Controllers" 是没任何问题的。然后打开源码：

```
MODULE_DEVICE_TABLE ( usb, id_table );

struct cp210x_port_private         {
    __u8                           bInterfaceNumber;
    bool                           has_swapped_line_ctl;
};

static struct usb_serial_driver cp210x_device = {
    .driver = {
        .owner =                   THIS_MODULE,
        .name =                    " cp210x",
    },
    .id_table                      = id_table,
    .num_ports                     = 1,
    .bulk_in_size                  = 256,
    .bulk_out_size                 = 256,
    .open                          = cp210x_open,
    .close                         = cp210x_close,
    .break_ctl                     = cp210x_break_ctl,
    .set_termios                   = cp210x_set_termios,
    .tx_empty                      = cp210x_tx_empty,
    .tiocmget                      = cp210x_tiocmget,
    .tiocmset                      = cp210x_tiocmset,
    .port_probe                    = cp210x_port_probe,
    .port_remove                   = cp210x_port_remove,
    .dtr_rts                       = cp210x_dtr_rts
};
```

源码将模块的"vid""pid"加入"id_table",驱动实现与其他驱动（如"open""close"等接口驱动）类似。对于"bulk_in_size""bulk_out_size"它们的,设定值为256,实际是输入、输出缓冲区大小,虽然在"cp210x.c"中没有用到,但其他代码会用到,如在usb-serial.c"中,可以理解"usb-serial.c"是基类,"cp210x.c"是子类。"num_ports"值为1,意思是当前这个设备拥有几个串行接口,如4G模块,可以产生"ttyusb0""ttyusb01""ttyusb2"等。可以根据兴趣继续深入研究源码。

（4）编译　在"make menuconfig"界面配置好后直接使用"make"命令即可:

```
   root@ uptech-jhj:~/kernel-4.14.98#make
......
   Building modules,stage 2.
   MODPOST 156 modules
   root@ uptech-jhj:~/kernel-4.14.98#
```

内核自带的驱动一般不会有问题,如果编译不通过,一般是没有配置好。例如,依赖某个模块中的某个函数,而这个模块又没选中,在"Kconfig"中也没写"depend"项。

在运行"make"命令时后面可以增加参数,如-f、-j、-d、-i参数等。

（5）烧写　将CP2102驱动烧写进i.MX8核心板也是一个关键的步骤。首先将刚才编译好的"zImage"文件下载到Windows平台（在Linux下也可以烧写,这里不叙述）:内核编译完成后会在"arch/arm/boot"目录下生成内核镜像,"arch"下面有多个目录,这与前面修改"Makefile"文件的"ARCH = arm"相关,这里的目录就是"arch/arm/boot","ARCH"参数可以是"arm""arm64""x86""mips"等,这与处理器相关。这里以Xshell为例,方法如下:

```
   root@ uptech-jhj:~/kernel-4.14.98# sz arch/arm/boot/zImage
```

将"zImage"文件放在烧写工具的"burn_sd"目录下,烧写过程如图5-43所示。烧写请直接查看"UP派套装平台i.MX8烧写文档.pdf"文档。当烧写完毕后将拨码设置回原来的启动方式,系统会再次启动。

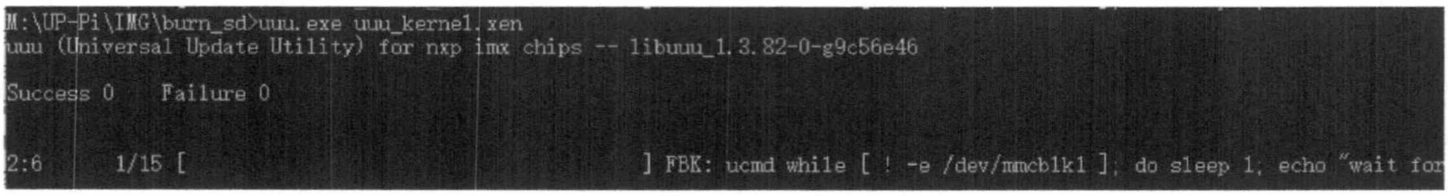

```
M:\UP-Pi\IMG\burn_sd>uuu.exe uuu_kernel.xen
uuu (Universal Update Utility) for nxp imx chips -- libuuu_1.3.82-0-g9c56e46

Success 0    Failure 0

2:6    1/15 [                                    ] FBK: ucmd while [ ! -e /dev/mmcblk1 ]; do sleep 1; echo "wait for
```

图5-43　烧写过程

（6）测试　Linux串口驱动测试比前一个实验USB蓝牙驱动简单,但方法有些不一样。平台支持Python,基于Python有很多工具,下面就安装一个串口工具:

```
   uptech@ imx8mm:~# apt-get install python-pip
   uptech@ imx8mm:~# pip install SerialTool
```

"SerialTool"工具的使用方法：

```
SerailTool com baudrate databits parity stopbits types types
```

参数说明如下。

com：实际的串口设备，如"/dev/ttyUSB0"。

baudrate：波特率。

databits：数据位。

parity：奇偶校验。

stopbits：停止位。

types：串口发送的数据类型，string 或 hex，可选项，默认为 string。

插上雷达配套的 USB 转接模块，然后在"dev"目录下看是否增加了"ttyUSB ∗ "：

```
uptech@ imx8mm:~# ls /dev/ttyUSB *
/dev/ttyUSB0
```

由此可见，USB 转串口模块驱动已经识别了模块，并成功产生了设备文件，但怎么知道这个"ttyUSB0"接口上就是刚插入的 CP2102 呢？插入模块出现"ttyUSB0"，拔掉模块"ttyUSB0"消失，便可确定。Linux 下有两个非常重要的文件系统，一个是"procfs"文件，另一个是"sysfs"文件，下面在"procfs"文件下查看 USB 串口信息：

```
uptech@ imx8mm:~# cat /proc/tty/driver/usbserial
usbserinfo:1. 0 driver:2. 0
0:name:"cp210x" vendor:10c4 product:ea60 num_ports: 1 port: 0 path:
usb-ci_hdrc. 1-1
```

可以看见是"cp210x"驱动，具体设备是"vendor：10c4 product：ea60"，也就是说使用"lsusb"命令查看的"vid"和"pid"是一致的：

```
uptech@ imx8mm:~# lsusb
Bus  001  Device  004: ID  10c4: ea60  Cygnal  Integrated  Products,
Inc.CP210x UART Bridge / myAVR mySmartUSB light
```

下面打开"LR001_SLAMTEC_rplidar_protocol_v2. 1_cn. pdf"文件，根据文档随便发送几个请求报文，再看是否有应答，即可确定驱动是否好用。操作如下：

```
uptech@ imx8mm:~# SerialTool /dev/ttyUSB0 115200 8 N 1 hex hex

A small debug tool for serial port programming.
=========

Port Info
```

201

```
--------
Port:/dev/ttyUSB0
Baudrate:115200
Databits:8
Parity:N
Stopbits:1
Txtypes:hex
Rxtypes:hex
--------
>>:send
<<:receive
--------

>>a550
<<a55a1400000004181a0105b9b79af2c1ea9fc2a2eb92f12a643c00
```

这里是以"LR001_SLAMTEC_rplidar_protocol_v2.1_cn. pdf"的 29 页，设备信息获取指令为例，发送"0xA5，0x50"命令，返回设备信息的指令。发送后能返回，则说明驱动没问题。这里运行串口工具时选择 hex 交互，因为"LR001_SLAMTEC_rplidar_protocol_v2.1_cn. pdf"文档里的就是"hex"命令。打开"SerialTool"工具后，雷达模块电动机停止运转是正常的，不用担心。

（7）SDK DEMO 使用"SerialTool"工具可以按照协议文档进行交互，具体的数据信息还不清楚，官方提供了 SDK，链接地址为：https://github. com/slamtec/rplidar_sdk。将 SDK 下载到捡乒乓球机器人，然后编译运行 demo，首先克隆 SDK：

```
uptech@ imx8mm: ~ # git clone https://github. com/Slamtec/rplidar
_sdk. git
Cloning into 'rplidar_sdk'...
remote: Enumerating objects: 302, done.
remote: Total 302 (delta 0), reused 0 (delta 0), pack-reused 302
Receiving objects: 100% (302/302), 4.10 MiB | 200.00 KiB/s, done.
Resolving deltas: 100% (157/157), done.
uptech@ imx8mm: ~ # ls
rplidar_sdk
```

这就是克隆下来的 SDK。捡乒乓球机器人的 Ubuntu 系统几乎可以完全当做 PC 使用，下载的 SDK 可以直接在捡乒乓球机器人中编译、运行 demo。根据 SDK 中的"readme"文件进行编译：

```
uptech@ imx8mm:~# cd rplidar_sdk/sdk
uptech@ imx8mm: ~/rplidar_sdk/sdk# ls
Makefile  app  cross_compile.sh  mak_common.inc  mak_def.inc  sdk
workspaces
```

"readme" 文件给出的交叉编译程序是 "CROSS_COMPILE_PREFIX = arm-linux-gnueabihf
./cross_compile.sh"，但这里不使用它编译。捡乒乓球机器人采取本地编译本地运行方式，
直接走 Linux 方式编译，也就是直接使用 "make" 命令即可。也可以使用交叉编译方式，是
否交叉编译实际上对应于使用 gcc 还是 arm-gcc，对于捡乒乓球机器人来说，它的 gcc 就是
arm-gcc，因此指定 gcc 自然是可以的，编译完成输出如下信息：

```
pack main.o->librplidar_sdk.a
LD  /root/rplidar_sdk/sdk/output/Linux/Release/ultra_simple
make [2]: Leaving directory '/root/rplidar_sdk/sdk/app/ultra_simple'
make [1]: Leaving directory '/root/rplidar_sdk/sdk/app'
```

接下来进入 "demo" 目录。一般编译非自编项目，要看一下输出信息，如这里的
"LD" 后面的目录，也就是最终生成的文件目录（要是不注意，那就只能逐个排查了）。直
接复制目录然后进入：

```
uptech@ imx8mm: ~/rplidar_sdk/sdk # cd /root/rplidar_sdk/sdk/
output/Linux/Release/
uptech@ imx8mm: ~/rplidar_sdk/sdk/output/Linux/Release# ls
librplidar_sdk.a  simple_grabber  ultra_simple
```

这里就是生成的文件，第一个是静态库，后面两个是 demo，在 "readme" 文件中有下
面一段语句：

```
ultra_simple
This demo application simply connects to an RPLIDAR device and out-
puts the scan data to the console.
ultra_simple<serial_port_device>
For instance:
ultra_simple \ \ . \ COM11  # on Windows
ultra_simple /dev/ttyUSB0
simple_grabber
This application demonstrates the process of getting RPLIDAR's ser-
ial number, firmware version and healthy status after connecting the PC
and RPLIDAR. Then the demo application grabs two round of scan data and
shows the range data as histogram in the command line mode.
```

然后运行 demo:

```
uptech@ imx8mm:~/rplidar_sdk/sdk/output/Linux/Release#./simple_
grabber /dev/ttyUSB0 115200
RPLIDAR S/N: B9B79AF2C1EA9FC2A2EB92F12A643C00
Version: 1.11.0
Firmware Ver: 1.26
Hardware Rev: 5
RPLidar health status : OK. ( errorcode: 0 )
waiting for data...
```

这样就把设备的序列号、固件版本、设备健康状态等信息获取到了。可以注意一下，前面使用串口工具发送命令的时候返回的信息就包含了序列号：

```
>>a550
<<a55a1400000004181a0105b9b79af2c1ea9fc2a2eb92f12a643c00
```

这里按照协议文档，将响应信息解析出来，本质上与从雷达模块获取的数据信息是一样的。再运行另一个 demo:

```
uptech @ imx8mm: ~/rplidar _ sdk/sdk/output/Linux/Release # ./
ultra_simple
Ultra simple LIDAR data grabber for RPLIDAR.
Version:1.11.0
RPLIDAR S/N:B9B79AF2C1EA9FC2A2EB92F12A643C00
Firmware Ver:1.26
Hardware Rev:5
RPLidar health status :0
 * WARN * YOU ARE USING DEPRECATED API:grabScanData(),PLEASE MOVE TO
grabScanDataHq()
 * WARN * YOU ARE USING DEPRECATED API:ascendScanData(rplidar_re-
sponse_measurement_node_t*,size_t),PLEASE MOVE TO ascendScanData(rpl-
idar_response_measurement_node_hq_t*,size_t)
    theta:0.92 Dist:00997.75 Q:15
    theta:2.11 Dist:01064.50 Q:15
    theta:3.30 Dist:01120.75 Q:15
    theta:4.69 Dist:01059.00 Q:15
```

这里的输出信息需要根据"LR001_SLAMTEC_rplidar_protocol_v2.1_cn.pdf"文档的第15页获得，"Q"代表的是采样点的信号质量；"theta"是测距点相对于雷达朝向的夹角，实际的角度需要除以64；"Dist"表示距离，距离以毫米为单位，距离表征的是检测点到雷达中心的距离，实际的距离需要除以 4。

6. 实验总结

通过本次实验，了解了激光雷达模块的驱动接口、通信方式和驱动开发流程。通过 demo 的运行，了解到激光雷达可以测量距离和测量点与激光雷达朝向的夹角关系，认识到什么方向才是雷达的正方向。激光雷达能正常工作后，在捡乒乓球机器人上可以用来实现测距、建图等一系列的功能扩展。

第6章 机器人导航系统设计与实践

6.1 机器人导航系统

6.1.1 SLAM

SLAM（Simultaneous Localization and Mapping，即时定位与地图构建）可以描述为机器人在未知的环境中从一个未知位置开始移动，移动过程中根据位置估计和地图进行自身定位，同时建造增量式地图，实现机器人的自主定位和导航。

想象一个盲人在一个未知的环境里，如果想感知周围的大概情况，那么他需要伸展双手作为他的"传感器"，不断探索四周是否有障碍物。当然这个"传感器"有量程范围，他还需要不断移动，校正头脑中整合好的地图。当感觉到新探索的环境好像是之前遇到过的某个位置，校正心中整合好的地图同时也会校正自己当前所处的位置。当然，盲人的感知能力有限，所以他探索的环境信息会存在误差，而且他会根据自己的确定程度为探索到的障碍物设置一个概率值，概率值越大，表示这里有障碍物的可能性越大。一个盲人探索未知环境的场景基本可以表示 SLAM 算法的主要过程。

家庭、商场、车站等场所是室内机器人的主要应用场景，在这些应用中，用户需要机器人通过移动完成某些任务，这就需要机器人具备自主移动、自主定位的功能，这类应用统称为自主导航。自主导航往往与 SLAM 密不可分，因为 SLAM 生成的地图是机器人自主移动的主要蓝图。这类问题可以总结为在服务机器人工作空间中，根据机器人自身的定位导航系统找到一条从起始状态到目标状态，可以避开障碍物的最优路径。

创建地图本身是个极其复杂的过程，所以本章实验选择利用 ROS 中自带的 "gmapping" 工具包作为建立地图模型的主要方式。"gmapping" 工具包一般用于圆形或方形的机器人，依靠激光雷达和里程计来建立地图模型，最后形成的地图输出到 "nav_msgs/OccupancyGrid" 话题。

"gmapping" 工具包中的工具是基于滤波 SLAM 框架的常用开源 SLAM 算法，Rao-Blackwellized 粒子滤波算法会将定位与建图过程分开，会对机器人先定位再建立地图。同时，"gmapping" 工具算法在 Rao-Blackwellized 算法有两方面的改进，分别是改进提议分布和选择性重采样。提议分布被提出来代替目标分布，用于提取下一时刻机器人的位姿信息，提议分布会使用粒子权重来表征提议分布和目标分布的不一致性。选择性重采样是设定一个阈值，当粒子权重小于阈值时，该采样被采用，当粒子权重大于阈值时，进行重采样，这样就减少了采样的次数，也就减缓了粒子退化。

6.1.2　机器人导航

导航是机器人系统中的重要模块之一，机器人实现室内自主移动，必须依赖于机器人导航，下面介绍机器人导航的相关概念。

在 ROS 中，机器人导航由多个功能包组合实现，又称为导航功能包集。根据官方定义，导航模块是一个二维导航堆栈，接收来自里程计、传感器流和目标姿态的信息，并输出发送到移动底盘的安全速度命令。通俗地理解，导航其实就是机器人自主地从 A 点移动到 B 点的过程。

秉着"不重复发明轮子"的原则，ROS 中的导航功能包集为机器人导航提供了一套通用的实现方式，开发者不再需要关注导航算法、硬件交互等偏复杂、偏底层的实现，这些实现都由更专业的研发人员管理、迭代和维护，开发者可以更专注于上层功能，而对于导航功能的调用，只需要根据机器人的相关参数合理设置各模块的配置文件即可，当然，如果有必要，也可以基于现有的功能包进行二次开发，以满足一些定制化需求，这样可以大大提高研发效率，缩短产品落地时间。

总而言之，对于一般开发者而言，ROS 的导航功能包集有以下 3 点优势：一是安全，这些功能包由专业团队开发和维护；二是功能稳定且全面；三是高效，解放开发者，让开发者更专注于上层功能实现。

机器人路径规划需要让机器人自行决定下一步以何种姿态往何处走，最终使机器人能以最小的代价到达目标地点，这是机器人全局规划的基本思想，而实现这种思想，在 ROS 导航功能包集中主要依靠的就是 A^* 算法。

A^* 算法是一种求解静态路网最优路径最常用的直接搜索方法，也是解决许多搜索问题的有效算法。估计距离越接近实际值，最终搜索速度越快。A^* 算法的概念如图 6-1 所示。

具体操作是先获取地图模型的高度和宽度，将地图网格化，再利用代价计算公式

$$F = G + H$$

式中，G 为从起点运动到指定栅格所用的花费；H 是从指定栅格移动到终点的估计花费；F 是总的预估花费。

A^* 算法简而言之就是把所有可能到达的栅格 F 值计算出来，然后按照可执行性规划一条起点到终点的总花费最小的路径，规划方式是反复遍历 A^* 算法中的开放列表，并将 F 最小的点加入到关闭列表内，开放列表包含机器人下一步可能移动的所有候选位置，关闭列表包含起点和其余判断完成已经是规划好路径中的点，多次进行遍历直到终点被加入关闭列表为止。最后按照关闭列表中的点的 F 值倒序排列，所得到的路径就是 A^* 算法计算出的最优路径。

ROS 导航功能包集中实现局部路径规划主要依靠 "base_local_planner" 和 "dwa_local_planner" 工具包，主要用了 "Trajectory Rollout" 和 "Dynamic Window Approach（DWA）"

两种方法。基本原理是先采样机器人当前的状态，然后用采样的离散点做前向模拟，基于机器人的当前状态，预测以空间采样点的速度运动一段时间可能出现的情况，然后评价前向模拟的每条轨迹，丢弃不合法的轨迹，根据评分选择最优路径。重复上述过程，最后计算出机器人每个周期内应该行驶的速度和角度。

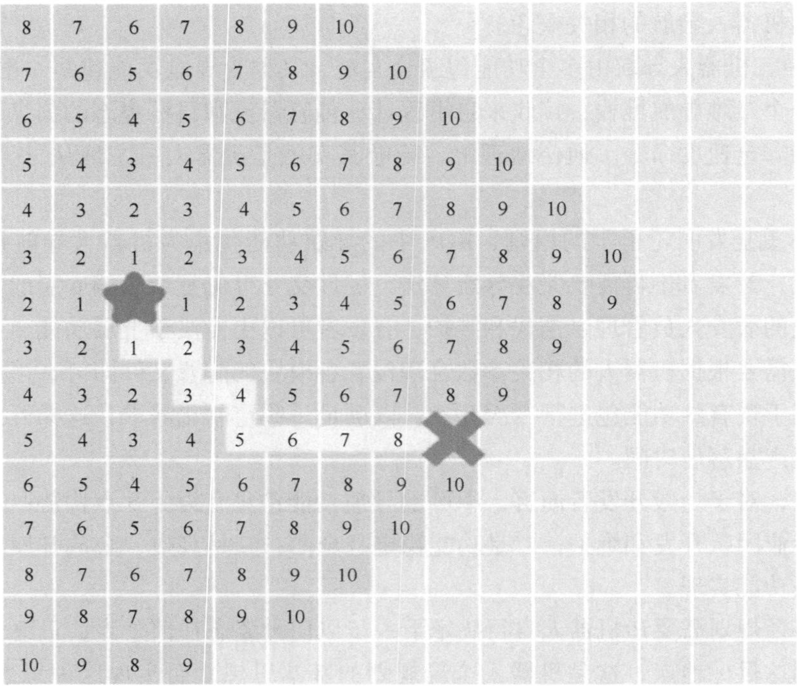

图 6-1　A*算法的概念

6.2　机器人导航系统设计思路

对于普通机器人建图操作的设计，常见的有两组方案，基于激光雷达的 SLAM 以及基于视觉的 SLAM，其中激光雷达的测量更为准确，误差模型简单，并且运行较为稳定，所以本捡乒乓球机器人设计采用基于激光雷达的 SLAM。

1）雷达选取要尽量匹配环境，乒乓球场地是全包围的结构，因此选取的雷达需要能够实现 360°的全方位激光扫描，同时需要能够匹配此捡乒乓球机器人的 i. MX8 主板，达到稳定性能标准并且能够做到应用广泛，最后经研究决定选择思岚 RPLIDAR A1 作为最终雷达。

2）捡乒乓球环境是室内搭建的简单类型的场地，所以需要选取在小场景中计算量高，地图精度高并且对激光雷达扫描频率要求较低的 SLAM 算法，此外，因为捡乒乓球机器人后续需要应用于机器人教学活动，此机器人能够稳定工作十分关键，所以选用 gmapping 这一经典开源算法，结合机器人的底层操作及雷达即可实现建图功能。

导航系统的设计流程如图 6-2 所示。

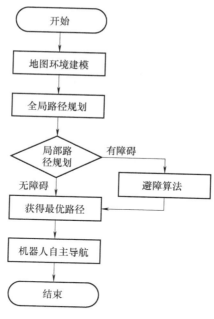

图 6-2　导航系统设计流程图

6.3　机器人导航系统设计综合实践

6.3.1　实验一：激光雷达仿真实验

1. 实验描述

机器人建图与导航需要获取周围环境的深度信息，本实验利用激光雷达获取周围环境的深度信息。

2. 实验目的

了解雷达消息格式。

3. 基础知识

在 ROS 上正确发布从传感器获取的数据对导航功能包集的安全运行很重要。如果导航功能包集无法从机器人的传感器接收到任何信息，那么它就会盲目行动，很可能发生碰撞。激光、摄像头、声呐、红外线、碰撞传感器等传感器可用于为导航功能包集提供信息，然而，目前导航功能包集只接收使用"sensor_msgs/LaserScan"或"sensor_msgs/PointCloud"消息类型发布的传感器数据。

针对激光雷达，ROS 在"sensor_msgs"包中定义了用于存储激光消息的专用数据结构——LaserScan。LaserScan 消息的具体定义如图 6-3 所示。

激光雷达消息中各参数的含义如下。

angle_min：可检测范围的起始角度。

angle_max：可检测范围的终止角度，与 angle_min 组成激光雷达的可检测范围。

angle_increment：采集到相邻数据帧之间的角度步长。

```
std_msgs/Header header
  uint32 seq
  time stamp
  string frame_id
float32 angle_min
float32 angle_max
float32 angle_increment
float32 time_increment
float32 scan_time
float32 range_min
float32 range_max
float32[] ranges
float32[] intensities
```

图 6-3　LaserScan 消息的具体定义

time_increment：采集到相邻数据帧之间的时间步长，在传感器处于相对运动状态时进行补偿。

scan_time：采集一帧数据所需要的时间。

range_min：最近可检测深度的阈值。

range_max：最远可检测深度的阈值。

ranges：一帧深度数据的存储数组。

intensities：一帧深度数据对应的强度信息存储数组。

4. 实验方案

在 Ubuntu 系统下测试激光雷达。

5. 实验步骤

（1）构建 RPLIDAR 软件包　下载 Rplidar 雷达官方的 ROS 节点和测试应用，放置到 ROS 工作空间下，然后重新编译工作空间：

```
cd catkin_ws(你的 ROS 工作空间下)/src
git clone https://github.com/Slamtec/rplidar_ros.git
cd..
catkin_make_isolated--install--use-ninja
```

（2）设置雷达串口权限

```
sudo chmod 777 /dev/ttyUSB0
```

（3）查看 RPLIDAR 雷达官方测试文件　RPLIDAR 雷达官方测试的 launch 文件位于 “atkin_ws/src/rplidar_ros/launch” 目录下，文件名为 “view_rplidar.launch”。打开文件，可以看到在 launch 文件中引用了 “rplidar.launch” 和 “rplidar.rviz” 两个文件。按照代码中给出的路径找到这两个文件：

```
<!--
  Used for visualising rplidar in action.
```

```
    It requires rplidar.launch.
  -->
<launch>
  <include file="$(find rplidar_ros)/launch/rplidar.launch" />

  <node name="rviz" pkg="rviz" type="rviz" args="-d $(find rpli-
dar_ros)/rviz/rplidar.rviz" />
</launch>
```

打开"rplidar.launch"文件，可以看到，这个文件的主要作用是对雷达基本信息进行定义，包括端口、波特率的设定，以及各项数据类型的定义：

```
<launch>
    <node name="rplidarNode"        pkg="rplidar_ros"  type="rplid-
arNode" output="screen">
<param name="serial_port"       type="string" value="/dev/ttyUSB0"/>
    <param name="serial_baudrate"       type="int"     value="
115200"/><!--A1/A2-->
    <!--param name="serial_baudrate"      type="int"     value="
256000"--><!--A3-->
    <param name="frame_id"      type="string" value="laser_link"/>
    <param name="inverted"      type="bool"  value="false"/>
    <param name="angle_compensate"     type="bool"  value="true"/>
    </node>
</launch>
```

打开"rplidar.rviz"文件，阅读代码可以发现，这个文件的内容是关于激光雷达数据可视化的，包括窗口大小、网格规格、颜色等：

```
Panels:
  - Class:rviz/Displays
    Help Height:78
    Name:Displays
    Property Tree Widget:
      Expanded:
        - /Global Options1
        - /Status1
        - /RPLidarLaserScan1
      Splitter Ratio:0.5
```

```
            Tree Height:413
          - Class:rviz/Selection
            Name:Selection
          - Class:rviz/Tool Properties
            Expanded:
              - /2D Pose Estimate1
              - /2D Nav Goal1
            Name:Tool Properties
            Splitter Ratio:0.588679
          - Class:rviz/Views
            Expanded:
              - /Current View1
            Name:Views
            Splitter Ratio:0.5
          - Class:rviz/Time
            Experimental:false
            Name:Time
            SyncMode:0
            SyncSource:""
        Visualization Manager:
          Class:""
          Displays:
            - Alpha:0.5
              Cell Size:1
              Class:rviz/Grid
              Color:160;160;164
              Enabled:true
              Line Style:
                Line Width:0.03
                Value:Lines
              Name:Grid
              Normal Cell Count:0
```

了解了以上两个文件后，就可以分析出"view_rplidar.launch"文件的功能，即使用 RViz 软件将激光雷达收集到的信息显示出来，下面运行官方测试文件：

```
roslaunch rplidar_ros view_rplidar.launch
```

正常情况下可以看见激光雷达数据如图 6-4 所示。

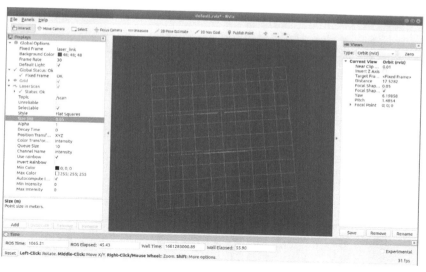

图6-4 激光雷达数据

6.3.2 实验二：地图建模仿真实验

1. 实验描述

地图建模是捡乒乓球机器人的主要功能之一，本实验使用的是较为成熟的地图建模功能包——gmapping，通过"gmapping"功能包实现机器人在仿真环境中的地图建模。

2. 实验目的

学习创建工作空间和"gmapping"功能包配置，学习使用"gmapping"功能包建立环境地图。

3. 基础知识

（1）"gmapping"功能包框架 "gmapping"功能包集成了 Rao-Blackwellized 粒子滤波算法，为开发者隐去了复杂的内部实现。图6-5 所示为"gmapping"功能包的总体框架。

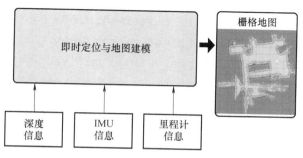

图6-5 "gmapping"功能包的总体框架

"gmapping"功能包订阅机器人的深度信息、IMU 信息和里程计信息，同时完成一些必要参数的配置，即可创建并输出二维栅格地图。"gmapping"功能包基于 openslam 社区的开源 SLAM 算法，有兴趣的读者可以阅读社区中 gmapping 算法的相关论文。

（2）"gmapping"话题与服务 "gmapping"功能包中的话题和服务见表6-1，其中的 TF

213

变换功能见表 6-2。

表 6-1　"gmapping" 功能包中的话题和服务

功能	名称	类型	描述
Topic 订阅	tf	tf/tfMessage	用于激光雷达坐标系, 基坐标系, 里程计坐标系之间的变换
	scan	sensor_msgs/LaserScan	激光雷达扫描数据
Topic 发布	map_metadata	nav_msgs/MapMetaData	发布地图 Meta 数据
	map	nav_msgs/OccupancyGrid	发布地图栅格数据
	~entropy	std_msgs/Float64	发布机器人姿态分布熵的估计
Service	dynamic_map	nav_msgs/Getmap	获取地图数据

表 6-2　TF 变换功能

变换类型	TF 变换	描述
必需的 TF 变换	<scan frame>→base_link	激光雷达坐标系与基坐标系之间的变换, 一般由 "robot state publisher" 或 "static transform publisher" 发布
	base_link→odom	基坐标系与里程计坐标系之间的变换, 一般由里程计节点发布
发布的 TF 变换	map→odom	地图坐标系与机器人里程计坐标系之间的变换, 估计机器人在地图中的位姿

214

（3）"gmapping" 节点配置　配置 "gmapping" 功能包中的关键参数, 包括线速度的最大速度、最小速度、加速度等, 可以根据机器人的具体情况修改参数。参数的具体解释见表 6-3。

```
<launch>
    <arg name="scan_topic" default="scan" />
    < node pkg = " gmapping" type = " slam_gmapping" name = " slam_gmapping" output="screen" clear_params="true">
        <param name="odom_frame" value="odom"/>
        <param name="map_update_interval" value="5.0"/>
        <!-- Set maxUrange< actual maximum range of the Laser-->
        <param name="maxRange" value="5.0"/>
        <param name="maxUrange" value="4.5"/>
        <param name="sigma" value="0.05"/>
        <param name="kernelSize" value="1"/>
        <param name="lstep" value="0.05"/>
        <param name="astep" value="0.05"/>
        <param name="iterations" value="5"/>
        <param name="lsigma" value="0.075"/>
```

```
        <param name="ogain" value="3.0"/>
        <param name="lskip" value="0"/>
        <param name="srr" value="0.01"/>
        <param name="srt" value="0.02"/>
        <param name="str" value="0.01"/>
        <param name="stt" value="0.02"/>
        <param name="linearUpdate" value="0.5"/>
        <param name="angularUpdate" value="0.436"/>
        <param name="temporalUpdate" value="-1.0"/>
        <param name="resampleThreshold" value="0.5"/>
        <param name="particles" value="80"/>
        <param name="xmin" value="-1.0"/>
        <param name="ymin" value="-1.0"/>
        <param name="xmax" value="1.0"/>
        <param name="ymax" value="1.0"/>
        <param name="delta" value="0.05"/>
        <param name="llsamplerange" value="0.01"/>
        <param name="llsamplestep" value="0.01"/>
        <param name="lasamplerange" value="0.005"/>
        <param name="lasamplestep" value="0.005"/>
        <remap from="scan" to="$ (arg scan_topic)"/>
    </node>
</launch>
```

表 6-3　参数的具体解释

参数	类型	默认值	描述
~throttle_scans	int	1	每接收到该数量帧的激光数据后只处理其中的一帧数据，默认每接收到一帧数据就处理一次
~base_frame	string	"base_link"	机器人基坐标系
~map_frame	string	"map"	地图坐标系
~odom_frame	string	"odom"	里程计坐标系
~map_update_interval	float	5.0	地图更新频率，该值越低，计算负载越大
~maxUrange	float	80.0	激光可探测的最大范围
~sigma	float	0.05	端点匹配的标准差
~kernelSize	int	1	在对应的内核中进行查找

（续）

参数	类型	默认值	描述
~lstep	float	0.05	平移过程中的优化步长
~astep	float	0.05	旋转过程中的优化步长
~iterations	int	5	扫描匹配的迭代次数
~lsigma	float	0.075	似然计算的激光标准差
~ogain	float	3.0	似然计算时用于平滑重采样效果
~lskip	int	0	每次扫描跳过的光束数
~minimumScore	float	0.0	扫描匹配结果的最低值。当使用有限范围（如 5m）的激光扫描仪时，可以避免在大开放空间中跳跃姿势估计
~srr	float	0.1	平移函数（rho/rho）平移时的里程误差
~srt	float	0.2	旋转函数（rho/theta）平移时的里程误差
~str	float	0.1	平移函数（theta/rho）旋转时的里程误差
~stt	float	0.2	旋转函数（theta/theta）旋转时的里程误差
~linearUpdate	float	1.0	机器人每平移该距离后处理一次激光扫描数据
~angularUpdate	float	0.5	机器人每旋转该弧度后处理一次激光扫描数据
~temporalUpdate	float	-1.0	如果最新扫描处理的速度比更新的速度慢，则处理一次扫描。该值为负数时关闭基于时间的更新
~resampleThreshold	float	0.5	基于 Neff 的重采样阈值
~particles	int	30	滤波器中的粒子数目
~xmin	float	-100.0	地图 x 向初始最小尺寸
~ymin	float	-100.0	地图 y 向初始最小尺寸
~xmax	float	100.0	地图 x 向初始最大尺寸
~ymax	float	100.0	地图 y 向初始最大尺寸
~delta	float	0.05	地图分辨率
~llsamplerange	float	0.01	似然计算的平移采样距离
~llsamplestep	float	0.01	似然计算的平移采样步长
~lasamplerange	float	0.005	似然计算的角度采样距离
~lasamplestep	float	0.005	似然计算的角度采样步长
~transform_publish_period	float	0.05	TF 变换发布的时间间隔
~occ_thresh	float	0.25	栅格地图占用率的阈值
~maxRange（float）	float	—	传感器的最大范围

4. 实验方案

本实验利用"gmapping"功能包，在"gazebo"仿真环境下进行建图实验。

5. 实验步骤

（1）准备工作　在 ROS 中安装"gmapping"功能包（见图 6-6）与"gazebo"仿真软件（见图 6-7），若已安装则忽略。安装代码如下：

```
sudo apt-get install ros-melodic-gmapping
sudo apt-get install ros-melodic-gazebo-ros-pkgs ros-melodic-gazebo-
ros-control
```

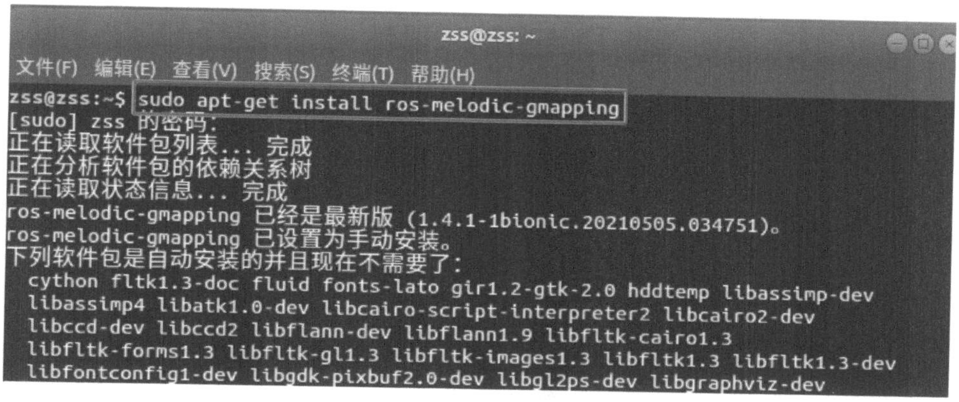

图 6-6　安装"gmapping"功能包

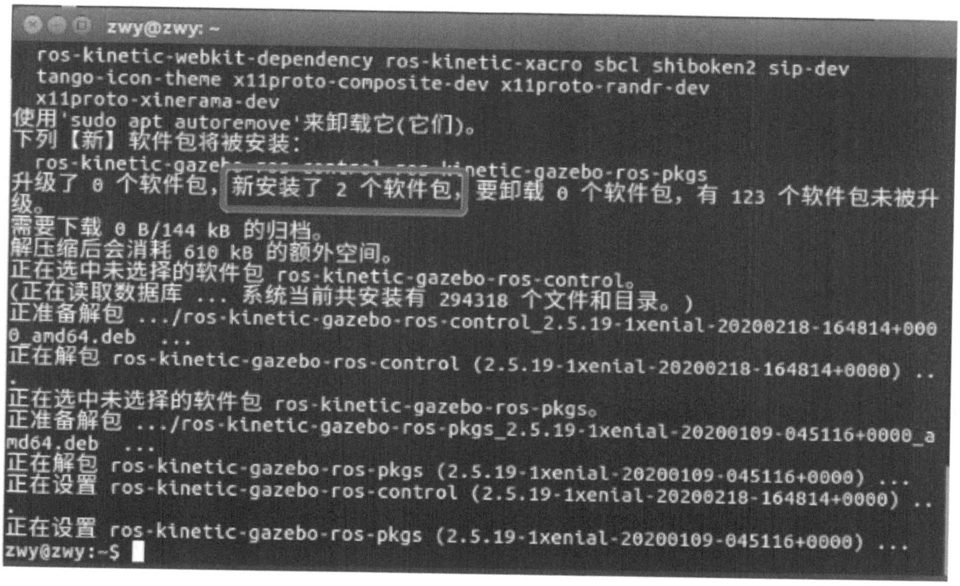

图 6-7　安装"gazebo"仿真软件

创建工作空间，工作空间命名为"catkin_ws"，如图 6-8 所示，代码如下：

```
mkdir-p ~/catkin_ws/src
```

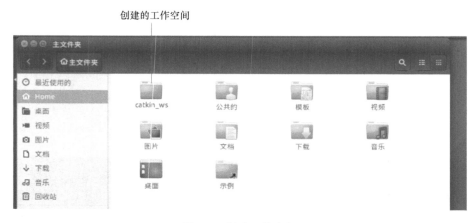

图 6-8　创建工作空间

进入"src"文件夹并初始化工作空间，代码如下：

```
cd ~/catkin_ws/src
catkin_init_workspace
```

到这一步工作空间已经建立完毕，编译完成后会在"catkin_ws"文件夹中出现 3 个文件夹，如图 6-9 所示。

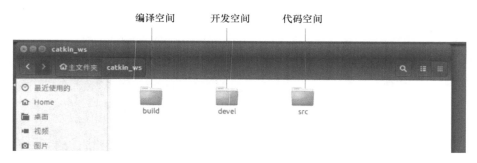

图 6-9　"catkin_ws"文件夹构成

进入"catkin_ws"文件夹编译工作空间，无错误代表编译通过，如图 6-10 所示。代码如下：

```
cd ~/catkin_ws/
catkin_make
```

设置环境变量使 ROS 能够找到可执行文件：

```
source devel/setup.bash
```

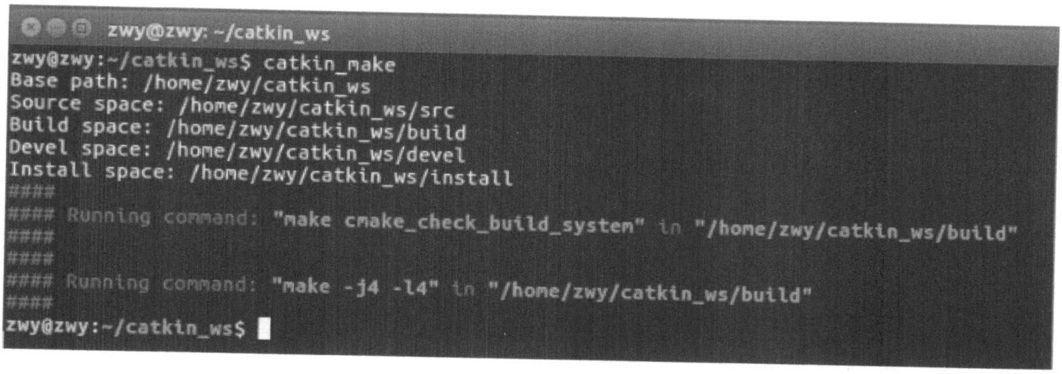

```
zwy@zwy: ~/catkin_ws
zwy@zwy:~/catkin_ws$ catkin_make
Base path: /home/zwy/catkin_ws
Source space: /home/zwy/catkin_ws/src
Build space: /home/zwy/catkin_ws/build
Devel space: /home/zwy/catkin_ws/devel
Install space: /home/zwy/catkin_ws/install
####
#### Running command: "make cmake_check_build_system" in "/home/zwy/catkin_ws/build"
####
####
#### Running command: "make -j4 -l4" in "/home/zwy/catkin_ws/build"
####
zwy@zwy:~/catkin_ws$
```

图 6-10　编译通过的结果

检查环境变量，如果显示了如下信息，代表环境变量设置成功。

```
echo $ ROS_PACKAGE_PATH
```

设置环境变量结果如图 6-11 所示。

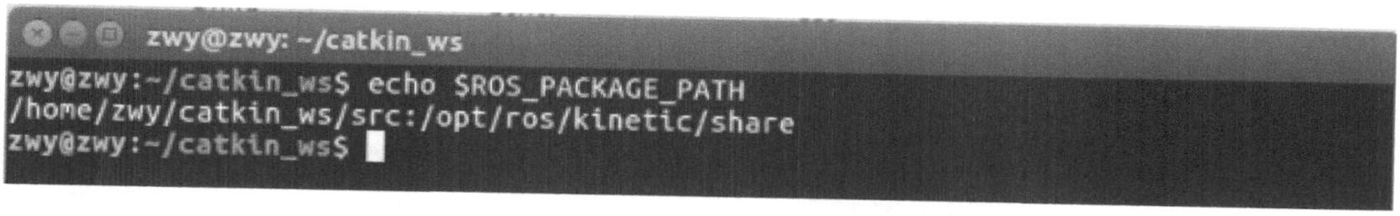

```
zwy@zwy: ~/catkin_ws
zwy@zwy:~/catkin_ws$ echo $ROS_PACKAGE_PATH
/home/zwy/catkin_ws/src:/opt/ros/kinetic/share
zwy@zwy:~/catkin_ws$
```

图 6-11　设置环境变量结果

将功能包“mbot_description”“mbot_gazebo”“mbot_navigation”“mbot_teleop”复制进工作空间中的“src”文件夹。其中，“mbot_description”为机器人的模型文件；“mbot_gazebo”为机器人与仿真相关的文件，这里使用仿真机器人代替真机器人；“mbot_navigation”为导航所需功能包，本实验主要在此功能包里配置；“mbot_teleop”为键盘控制节点，用于控制机器人运动。

在“catkin_ws”目录中右击打开终端编译工作空间，在提示信息中可以看到复制过来的功能包，编译进程为 100%表示编译通过。代码如下：

```
catkin_make
```

（2）启动仿真机器人　在工作空间中右击打开终端，启动 gazebo 仿真机器人，如图 6-12所示，代码如下：

```
roslaunch mbot_gazebo mbot_laser_nav_gazebo.launch
```

（3）仿真运行 gmapping　在工作空间中右击打开终端，启动“gmapping_demo.launch”文件，如图 6-13 所示，代码如下：

```
roslaunch mbot_navigation gmapping_demo.launch
```

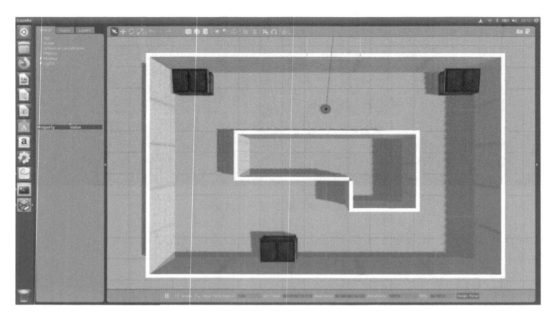

图 6-12　gazebo 仿真机器人

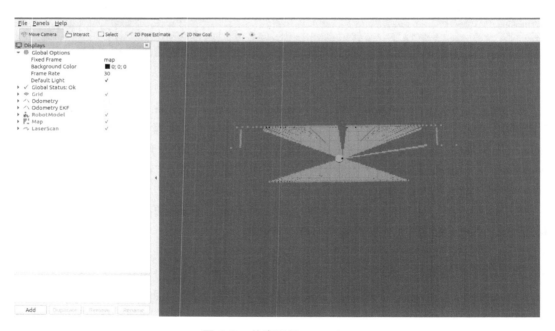

图 6-13　仿真运行 gmapping

启动键盘控制节点，如图 6-14 所示，使用键盘遥控机器人，代码如下：

```
roslaunch mbot_teleop mbot_teleop.launch
q/z:加速和减速按钮;
```

w/x:线速度加速和减速按钮;

e/c:角速度加速和减速按钮;

k:停止运动按钮;

i/,:前进后退按钮;

j/l:左转和右转按钮;

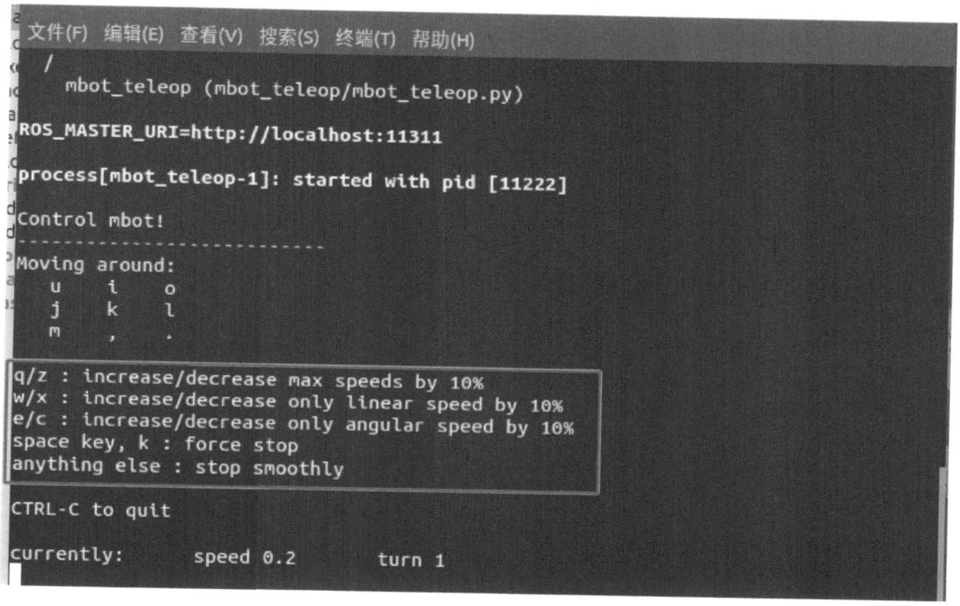

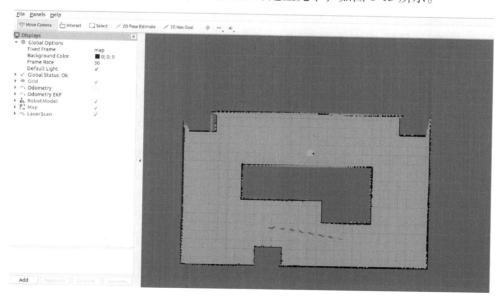

图 6-14　键盘控制节点

当机器人在地图中运动一周后,环境地图即建立完毕,如图 6-15 所示。

图 6-15　建立环境地图

（4）保存地图　保存建立的环境地图，代码如下：

```
rosrun map_server map_saver-f cloister_gmapping
```

可以在文件夹的根目录看到所建立的地图，为 pgm、yaml 格式文件，如图 6-16 所示，可以修改地图的参数。

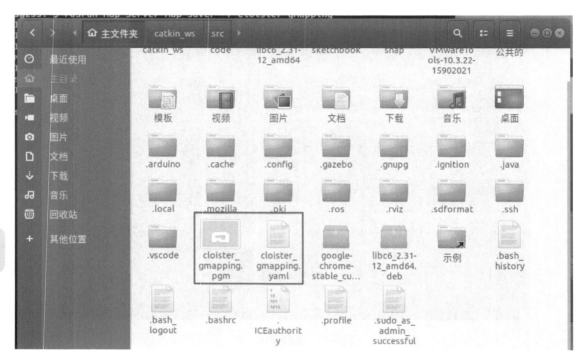

图 6-16　保存环境地图

6.3.3　实验三：路径规划仿真实验

1. 实验描述

路径规划是捡乒乓球机器人的主要功能之一，本实验使用的是较为成熟的路径规划功能包——move_base，实现机器人在仿真环境中的路径规划实验。

2. 实验目的

学习创建工作空间和"move_base"功能包配置，学习最短路径算法 launch 文件的结构和编写方法。

3. 基础知识

（1）"move_base"功能包框架　图 6-17 所示为"move_base"功能包框架，中间框内为导航的核心部分。图 6-17 中三种颜色框代表三种类型的节点，白色框内为 ROS 提供的节点，不需要开发者做什么；灰色框内为可选节点，开发者可以自行决定是否添加；蓝色框内为路径规划必备节点。

可选节点和路径规划必备节点的含义如下。

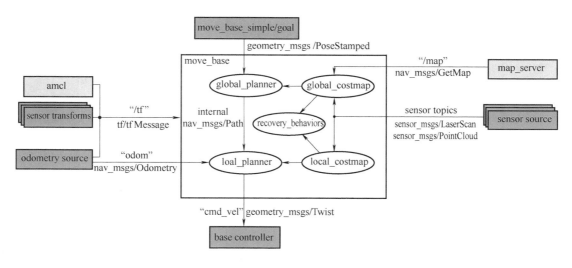

图 6-17 "move_base" 功能包框架

acml：发布机器人在地图中的定位。

sensor transforms：发布坐标转换。

odometry source：发布里程计信息。

map_server：发布地图信息。

sensor source：发布激光雷达数据。

base controller：通过订阅路径规划的话题实现机器人速度控制。

move_base_simple/goal：机器人订阅此话题来确定机器人的目标位置。

"move_base" 功能包中的话题和服务见表 6-4。

表 6-4 "move_base" 功能包中的话题和服务

功能	名称	类型	描述
Action 订阅	move_base/goal	move_base_msgs/ MoveBaseActionGoal	move_base 的运动规划目标
	move_base/cancel	actionlib_msgs/GoalID	取消特定目标的请求
Action 发布	move_base/feedback	move_base_msgs/ MoveBaseActionFeedback	反馈信息，含有机器人底盘的坐标
	move_base/status	actionlib_msgs/ GoalStatusArray	发送到 move_base 的目标状态信息
	move_base/result	move_base_msgs/ MoveBaseActionResult	此处 move_base 操作的结果为空
Topic 订阅	move_base_simple/goal	geometry_msgs/PoseStamped	为不需要追踪目标执行状态的用户，提供一个非 action 接口
Topic 发布	cmd_vel	geometry_msgs/Twist	输出到机器人底盘的速度命令

功能	名称	类型	描述
Service	~make_plan	nav_msgs/GetPlan	允许用户从 move_base 获取给定目标的路径规划，但不会执行该路径规划
	~clear_unknown_space	std_srvs/Empty	允许用户直接清除机器人周围的未知空间。 适合于 costmap 停止很长时间后，在一个全新环境中重新启动时使用
	~clear_costmaps	std_srvs/Empty	允许用户命令 move_base 节点清除 costmap 中的障碍。这可能会导致机器人撞上障碍物，应谨慎使用

（2）launch 文件 大多数的机器人项目都包含多个节点，如果每个节点都是通过一个终端打开的话就会非常麻烦且混乱，而 launch 文件就解决了这个问题。launch 文件使用 XML 语言描述节点及相关参数的设置和软件的启动。下面简单介绍几个 launch 文件所用的标签。

<launch>：launch 文件中的根元素。

<node>：启动节点，其中，pkg 表示节点所在功能包名称；type 表示节点的可执行文件名称；name 表示节点运行时的名称；args 表示给节点输入的参数。

<arg>：launch 文件内部的局部变量，仅限于 launch 文件使用。

<param>：在参数服务器上设置参数。

<include>：加载其他的 launch 文件。

4. 实验方案

本实验利用"move_base"功能包，在仿真环境中进行路径规划实验。

5. 实验步骤

（1）准备工作

在 ROS 中安装"move_base"功能包（见图6-18）和"gazebo"仿真软件，若已安装则忽略。安装代码如下：

```
sudo apt-get install ros-melodic-navigation
sudo apt-get install ros-melodic-gazebo-ros-pkgs ros-melodic-gazebo-ros-control
```

（2）配置路径规划节点 现在功能包已经编译通过，开始编写一个 launch 文件来启动路径规划节点。在"mbot_navigation"文件夹下的"launch"文件夹新建 launch 文件，命名为"move_base.launch"，此文件加载"move_base"节点相关参数，这些参数在"config/mbot"文件目录下，具体如下：

图 6-18　安装"move_base"功能包

```
<launch>
    <node pkg="move_base" type="move_base" respawn="false" name="
move_base" output="screen" clear_params="true">
        <rosparam file="$(find mbot_navigation)/config/mbot/costmap
_common_params.yaml" command="load" ns="global_costmap" />
        <rosparam file="$(find mbot_navigation)/config/mbot/costmap
_common_params.yaml" command="load" ns="local_costmap" />
        <rosparam file="$(find mbot_navigation)/config/mbot/local_
costmap_params.yaml" command="load" />
        <rosparam file="$(find mbot_navigation)/config/mbot/global_
costmap_params.yaml" command="load" />
        <rosparam file="$(find mbot_navigation)/config/mbot/base_lo-
cal_planner_params.yaml" command="load" />
    </node>

</launch>
```

"move_base"节点的 4 个 yaml 文件用途如下。

base_local_planner_params.yaml：本地规划器配置文件。

costmap_common_params.yaml：通用配置文件。

global_costmap_params.yaml：全局规划配置文件。

local_costmap_params.yaml：本地规划配置文件。

在"mbot_navigation"文件夹下的"launch"文件夹中新建 launch 文件,命名为"nav_cloister_demo.launch",此文件相当于 C 语言程序中的主程序,把这个程序看懂了就能够从整体上看懂路径规划要配置哪些文件。具体如下:

```
<launch>
    <!-- 设置地图的配置文件原来是cloister_gmapping.yaml,换成了blank_
map.yaml-->
    <arg name="map" default="cloister_gmapping.yaml" />
    <!-- 运行地图服务器,并加载设置的地图-->
    <node name="map_server" pkg="map_server" type="map_server"
args="$(find mbot_navigation)/maps/$(arg map)"/>
    <!-- 运行move_base节点-->
    <include file="$(find mbot_navigation)/launch/move_base.launch"/>
    <!-- 启动amcl节点-->
    <include file="$(find mbot_navigation)/launch/amcl.launch" />
    <!-- 对于虚拟定位,需要设置一个/odom与/map之间的静态坐标变换 args="
0 0 0 0 0 0 /map /odom 100-->
    <node pkg="tf" type="static_transform_publisher" name="map_
odom_broadcaster" args="0 0 0 0 0 0 /map /odom 100" />
    <!-- 运行rviz-->
    <node pkg="rviz" type="rviz" name="rviz" args="-d $(find
mbot_navigation)/rviz/nav.rviz"/>
</launch>
```

（3）启动仿真机器人　在工作空间中右击打开终端启动gazebo仿真机器人，如图6-12所示，代码如下：

```
roslaunch mbot_gazebo mbot_laser_nav_gazebo.launch
```

（4）启动路径规划节点　在工作空间中右击打开终端，启动"nav_cloister_demo.launch"文件，代码如下：

```
roslaunch mbot_navigation nav_cloister_demo.launch
```

启动路径规划节点后的仿真界面如图6-19所示。

在RVIZ界面右击"2D Nav Goal"，单击地图中任意没有障碍物的地方，观察在地图中规划出来的路径，如图6-20所示。

6.3.4　实验四：SLAM与自主导航

1. 实验环境

- 硬件：捡乒乓球机器人（必须包含雷达模块）、PC。
- 软件：捡乒乓球机器人、Xshell、装有ROS的PC。

2. 实验目的

- 了解ROS中的激光雷达模块。

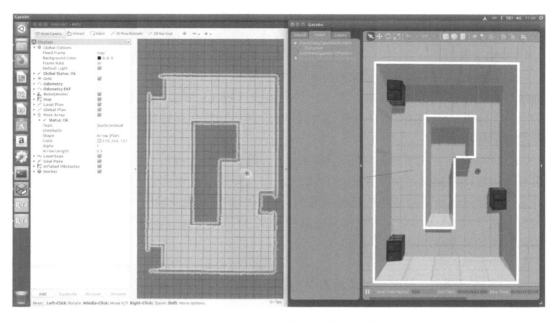

图 6-19　启动路径规划节点后的仿真界面

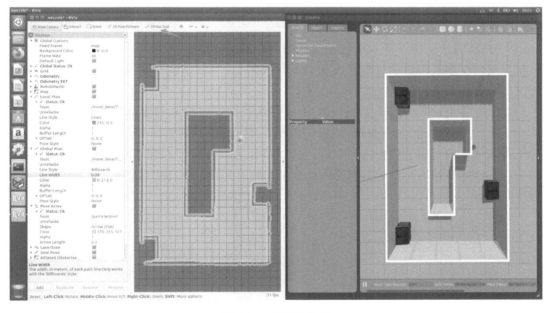

图 6-20　规划的路径

- 了解 ROS 中的里程计信息。
- 了解机器人定位相关知识。
- 了解路径规划。

3. 实验内容

熟悉捡乒乓球机器人中的激光雷达模块，将编码器上报信息转化为里程计信息，采用扩展卡尔曼滤波算法实现机器人的定位功能，使用"gmapping"功能包构建栅格地图，实现捡乒乓球机器人的 SLAM 算法与自主导航。

4. 实验原理

（1）基础环境　本实验在捡乒乓球机器人上完成，需要 PC 辅助。确保捡乒乓球机器人上的激光雷达等各个模块都正常工作，网络环境快速稳定。捡乒乓球机器人电池电量充足，有一个约 12m 见方且较空旷的环境，避免强光直射，给捡乒乓球机器人的建图与导航创造一个适宜的环境。

（2）原理简述　在了解激光雷达的前提下，将编码器上报的线速度、角速度信息转化为里程计信息，根据激光雷达上报的深度信息以及转换后的里程计信息构建地图的输入信息，采用"gmapping"功能包构建栅格地图，采用扩展卡尔曼滤波算法实现捡乒乓球机器人的定位，基于"move_base"功能包实现路径规划（本地规划、全局规划），从而实现捡乒乓球机器人的自主导航功能。

5. 实验步骤

（1）雷达驱动包　捡乒乓球机器人中使用思岚的 RPLIDAR 雷达，相关的驱动包需要修改、替换，捡乒乓球机器人中的位置：

```
uptech@imx8mm:~/catkin_ws/src/lidar/rplidar_ros $ pwd
/home/uptech/catkin_ws/src/lidar/rplidar_ros
```

RPLIDAR 雷达的特点是 360°扫描无死角，在不需要用到 360°时，需要在代码中进行裁剪。捡乒乓球机器人将雷达放在了底盘上，大概在 120°~260°的空间是无法扫描的，所以应该将这部分数据裁剪掉。

思岚激光雷达的几何定义如图 6-21 所示雷达数据方向用细实线坐标系表示，以竖直向上为 0°方向，沿顺时针方向扫描，返回的数据是 0°~360°的夹角和对应方向上的距离，捡乒乓球机器人的方向与雷达数据方向重合，所以才有上面的 120°~260°的说法。Laser frame 的方向用粗实线坐标系表示，这与机器人的坐标系略有差异，具体参数可以在后面调整。接下来修改代码：

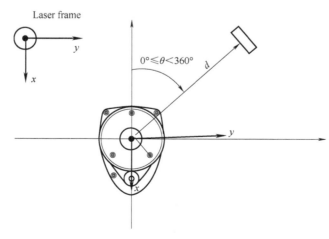

图 6-21　思岚激光雷达的几何定义

```
uptech@ imx8mm:~/catkin_ws/src/lidar/rplidar_ros/src $ vi node.cpp
```

修改 publish_scan( ) 函数，加入对 120°~260°的过滤：

```
if(i > 135 && i< 250)
{
    scan_msg.ranges[i]= std::numeric_limits<float>::infinity();
    scan_msg.intensities[i]= std::numeric_limits<float>::infinity();
}
```

需要注意，这里不能是 0，而是正无穷，也就是未知状态。雷达消息的格式：

```
uptech@ imx8mm:~/catkin_ws/src/lidar/rplidar_ros/src $ rosmsg
show sensor_msgs/LaserScan
    std_msgs/Header header
      uint32 seq
      time stamp
      string frame_id
    float32 angle_min
    float32 angle_max
    float32 angle_increment
    float32 time_increment
    float32 scan_time
    float32 range_min
    float32 range_max
    float32[]ranges
    float32[]intensities
```

激光雷达消息中各参数的含义同本章实验一。除了激光雷达外，还有一些深度相机、红外摄像头都可以获取类似的距离、角度值，不过一般都不是 360°的，距离也没有激光雷达远。

进行启动激光雷达操作，将驱动包中的"rplidar.launch"文件拷贝一份，然后稍作修改，修改后的 launch 文件的位置为"/home/uptech/catkin_ws/src/rikirobot_project/rikirobot/launch/lidar/rplidar.launch。"内容如下：

```
<launch>
  <node name="rplidarNode"          pkg="rplidar_ros"  type="rpl-
idarNode" output="screen">
    <param name="serial_port"       type="string" value="/dev/rik-
ilidar"/>
```

```
<param name="serial_baudrate"    type="int"    value="115200"/>
<param name="frame_id"           type="string" value="laser"/>
<param name="inverted"           type="bool"   value="false"/>
<param name="angle_compensate"   type="bool"   value="true"/>

</node>
<node pkg="tf" type="static_transform_publisher" name="base_
link_to_laser" args="0-0.1 0.06 3.14 0 0  /base_link /laser  100"/>
  </launch>
```

坐标转换命令"static_transform_publisher"代码如下：

```
static_transform_publisher x y z yaw pitch roll frame_id child_frame_
id period_in_ms
```

"static_transform_publisher"是一种 TF 命令，TF 是 ROS 提供的一个坐标系转换库，实现了任意一个点在所有坐标系之间的坐标变换，也就是给定一个坐标系的点的坐标，就可以得到这个点在其他坐标系的坐标。在"static_transform_publisher"中，x、y、z 是平移量，以"rplidar.launch"来说明，x 是 0，y 是 -0.1，z 是 0.06，这里的单位都是 m，也就是以"base_link"表示的点为坐标原点，laser 位于 $[0, -0.1, 0.06]$ 的位置。yaw 控制飞机的方向，也就是航向角；pitch 控制飞机的俯仰角度，例如，起飞时飞机的头部是略向上的，也就是俯仰角；roll 控制飞机横向滚动，也就是横滚角，如图 6-22 所示。

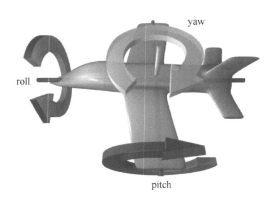

图 6-22　yaw、pitch、roll 示意图

"rplidar.launch"中，对应的值是 $[3.14, 0, 0]$，根据图 6-21 所示的示意图，所做转换为按图 6-22 所示的 z 轴旋转了 180°（3.14 就是 π，也就是 180°），所以图 6-21 所示 Laser frame x 轴的方向就与雷达正方向相重合了。后面的"base_link"坐标系和"laser"坐标系分别是父坐标系、子坐标系，最后一个参数是周期。

下面运行"rplidar"节点，启动"bringup.launch"，然后查看一下"base_link"坐标系到"laser"坐标系之间转换的效果，如图 6-23 所示。

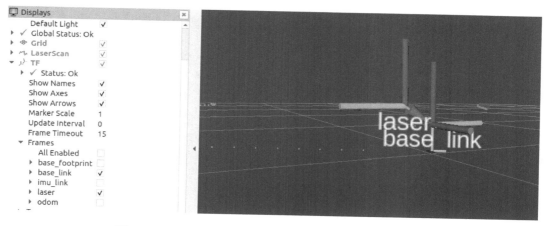

图 6-23　"laser"坐标系相对于"base_link"坐标系的坐标

（2）里程计信息　在 ROS 中，里程计是一种利用从移动传感器获得的数据来估计物体位置随时间的变化而改变的方法。主要包括：pose 和 twist 参数。"pose"参数是机器人当前的位置坐标，包括机器人的 x、y、z 三轴的位置与方向参数，以及用于校正误差的协方差矩阵。"twist"参数是机器人当前的运动状态，包括 x、y、z 三轴的线速度与角速度，以及用于校正误差的协方差矩阵。

里程计可以从安装在发动机和车轮上的编码器和安装在机器人上的传感器（IMU）获取数据。编码器每转一圈会触发固定数量的 ticks（通常会有几百或几千个），从而记录车轮转了多少圈。加上预先知道的车轮的直径和轮间距，编码器就可以把记录的数据转化成以 m 为单位的行驶距离，或者以 rad 为单位的车轮的转动角度。里程计的消息格式如下：

```
uptech@ imx8mm:~ $ rosmsg show nav_msgs/Odometry
std_msgs/Header header
  uint32 seq
  time stamp
  string frame_id
string child_frame_id
geometry_msgs/PoseWithCovariance pose
  geometry_msgs/Pose pose
    geometry_msgs/Point position
      float64 x
      float64 y
      float64 z
    geometry_msgs/Quaternion orientation
      float64 x
      float64 y
      float64 z
```

```
      float64 w
  float64[36]covariance
geometry_msgs/TwistWithCovariance twist
  geometry_msgs/Twist twist
    geometry_msgs/Vector3 linear
      float64 x
      float64 y
      float64 z
    geometry_msgs/Vector3 angular
      float64 x
      float64 y
      float64 z
  float64[36]covariance
```

机器人中的坐标系是右手坐标系，大拇指、食指、中指构成一个三维的坐标系，大拇指所指方向为 z 轴正方向，食指所指方向为 x 轴正方向，中指所指方向为 y 轴正方向。里程计参数会直接作为建图或导航时的输入，所以里程计信息的准确性对建图导航起着至关重要的作用，它的准确性直接影响建图和导航的效果。

捡乒乓球机器人里程计发布的节点代码是 "~/catkin_ws/src/rikirobot_project/rikirobot/src/riki_base.cpp"，内容如下：

```cpp
#include<ros/ros.h>
#include<nav_msgs/Odometry.h>
#include<tf/transform_broadcaster.h>
#include<riki_base.h>

RikiBase::RikiBase():
    linear_velocity_x_(0),
    linear_velocity_y_(0),
    angular_velocity_z_(0),
    last_vel_time_(0),
    vel_dt_(0),
    x_pos_(0),
    y_pos_(0),
    heading_(0)
{
    ros::NodeHandle nh_private("~");
    odom_publisher_ = nh_.advertise<nav_msgs::Odometry>("raw_
odom",50);
```

```
        velocity_subscriber_ = nh_.subscribe("raw_vel",50,&RikiBase::
velCallback,this);
        nh_private.getParam("linear_scale",linear_scale_);

        //ROS_INFO("linear_scale_:%f",linear_scale_);
    }
    ...
```

在底盘代码中，ROS 发送控制命令，通过运动学求解和计算，实现左、右两轮的控制，同时使用编码器采集车轮的转速，构成闭环控制系统。

运行"roslaunch rikirobot riki_base.launch"节点，则会启动"rosserial"节点和"riki_base"节点，这时可以用手转动车轮或者运行前面实验中的"teleop_twist_keyboard_cpp"节点进行电动机控制，编码器会采集当前电动机的信息，将电动机状态信息通过"raw_vel"节点发布出来，"riki_base"节点会将其转化为里程计信息，可以使用"rostopic echo /raw_odom"节点查看当前的里程计消息。下面以转动车轮为例：

```
header:
    seq:1826
    stamp:
        secs:1594973173
        nsecs:157800425
    frame_id:"odom"
child_frame_id:"base_footprint"
pose:
    pose:
        position:
            x:-0.0714129284024
            y:0.0285393092781
            z:0.0
        orientation:
            x:0.0
            y:0.0
            z:-0.375540677176
            w:0.926805912684
    covariance:[0.001,0.0,0.0,0.0,0.0,0.0,0.0,0.001,0.0,0.0,0.0,0.0,
0.0,0.0,0.0,0.0,0.0,0.0,0.0,0.0,0.0,0.0,0.0,0.0,0.0,0.0,0.0,0.0,0.0,0.0,
0.0,0.0,0.0,0.0,0.0,0.001]
    twist:
```

```
twist:
    linear:
        x:0.0
        y:0.0
        z:0.0
    angular:
        x:0.0
        y:0.0
        z:0.0
    covariance:[0.0001,0.0,0.0,0.0,0.0,0.0,0.0,0.0001,0.0,0.0,0.0,
0.0,0.0,0.0,0.0,0.0,0.0,0.0,0.0,0.0,0.0,0.0,0.0,0.0,0.0,0.0,0.0,0.0,0.0,0.0,0.0,0.0,
0.0,0.0,0.0,0.0,0.0,0.0,0.0001]
    ---
```

（3）机器人定位　激光雷达探测周围环境的深度信息，里程计通过编码器为机器人提供位姿信息，然后需要利用机器人定位技术实现机器人定位，这里以 ROS 提供的"robot_location"包为例说明。

"robot_location"使用的是卡尔曼滤波器。定位机器人依赖两个条件：一是知道机器人如何从一个时刻（状态）移动到下个时刻（状态），通常是某种移动命令确定的方式，即状态转移；二是能用相机、激光雷达或毫米波雷达等各种传感器测量机器人的环境。而这两类信息都受到噪声影响，不能精确地知道机器人从一个状态转移到下一个状态的精确程度，也不能无限精确地测量物体间的距离，这就是卡尔曼滤波器发挥作用的场合。

卡尔曼滤波器允许结合当前状态的不确定和传感器测量的不确定来理想地降低机器人的总体不确定程度。这两类不确定通常用高斯概率分布或正态分布来描述。高斯分布有 2 个参数：均值和方差，均值表示最高概率的值，方差表示均值的不确定性。

卡尔曼滤波器的运行有两个步骤。第一个步骤是预测，卡尔曼滤波器以当前状态变量值生成预测值和不确定度。当观测到下一次测量结果（必然有一定的误差，包含噪声），就能以加权平均的方式更新这些预测值，对确定程度高的预测值给予更高的权重，算法是递归的。第二个步骤是运行，它可以实时运行，仅需要当前测量值作为输入，以及前一个计算的状态和不确定矩阵，不需要更多过去信息。

卡尔曼滤波器有一个隐含的假设：当使用卡尔曼滤波器时，状态转移和测量必须是线性模型。扩展卡尔曼滤波器是线性卡尔曼滤波器的优化，它解除了状态转移和测量模型的线性限制，而允许使用任何非线性函数对机器人进行状态转移、测量和建模。滤波器在当前机器人状态邻域进行线性化处理。

下面继续回到代码。

"robot_localization"是一系列的机器人状态估计节点的集合，其中每一个节点都用于三维平面的机器人非线性状态估计，包括"ekf_localization_node"和"ukf_localization_node"

两个机器人状态估计节点。此外也提供了"navsat_transform_node"节点用于整合 GPS 数据。

"robot_location"源码位置：https://github.com/cra-ros-pkg/robot_localization。"robot_lo-cation"节点支持多传感器融合，不限制输入传感器的数量，支持所有 IMU，而且支持多种 ROS 消息格式，所有的状态估计节点都支持"nav_msgs/Odometry""sensor_msgs/Imu""ge-ometry_msgs/PoseWithConvarianceStamped""geometry_msgs/TwistWithCovarianceStamped"等。"robot_location"支持单个传感器的输入定制，例如，某个传感器信息包含希望忽略的估计数据，"robot_location"允许对该传感器输入数据定制处理。"robot_location"支持持续估计，每个状态估计节点在接收到机器人的一个测试数据时就开始估计机器人的状态，当间歇接收传感器数据时，机器人会通过内部模型进行连续状态估计。

"robot_location"可以使用 apt 进行安装，也可以使用 git 克隆到本地，如需要修改，还可以修改以满足自己的特性要求。使用 apt 安装命令：

```
sudo apt-get install ros-melodic-robot-localization
```

捡乒乓球机器人中使用的是克隆到本地的方式，源码位置：

```
uptech@ imx8mm:~/catkin_ws/src/robot_localization $ pwd
/home/uptech/catkin_ws/src/robot_localization
uptech@ imx8mm:~/catkin_ws/src/robot_localization $ ls
CHANGELOG.rst  CMakeLists.txt  doc  include  launch  LICENSE
package.xml  params  README.md  rosdoc.yaml  src  srv  test
```

"robot_location"生成了 3 个状态估计节点。

ekf_location_node：一个扩展卡尔曼滤波估计器，使用一个三维测量模型随着时间生成状态，同时利用感知数据校正已经检测过的估计。

ukf_location_node：一个无迹卡尔曼滤波估计器，使用一系列 sigma 点通过非线性变换生成状态，并使用这些估计过的 sigma 点覆盖状态估计点和协方差，这个估计使用雅可比矩阵使估计器更稳定。与扩展卡尔曼滤波估计器相比，需要耗费更大的计算量，在 i.MX8 上使用扩展卡尔曼滤波估计器是比较合适的。

navsat_transform_node：输入是 nav_msgs/Odometry 消息（通常是 ekf_localization_node 或 ukf_localization_node 的输出），以及一个包含准确机器人朝向估计的 sensor_msgs/Imu，还有一个包含 GPS 数据的 sensor_msgs/NavSatFix 消息。它生成一个世界坐标系的里程消息。

注意当将这个节点的输出与其他节点数据融合时，应该确保"odomN_differential"设置是"false"。"robot_location"节点有很多的参数，这里直接说明一下参数，位于"rikirobot"下的"param/ekf/robot_localization.yaml"中的内容：

```
frequency:50
two_d_mode:true
diagnostics_agg:true
#x      ,y      ,z,
```

```
#roll  ,pitch ,yaw,
#vx    ,vy    ,vz,
#vroll ,vpitch,vyaw,
#ax    ,ay    ,az
odom0:/raw_odom
odom0_config:[false,false,false,
              false,false,false,
              true,true,false,
              false,false,true,
              false,false,false]
odom0_differential:true
odom0_relative:false
imu0:/imu/data
# NOTE:If you find that your robot has x drift,
# the most likely candidate is the x" (acceleration) fr $
# Just set it to false!(It's the first entry on the las $
imu0_config:[false,false,false,
             false,false,true,
             false,false,false,
             false,false,true,
             false,false,false]
imu0_differential:true
imu0_relative:true
odom_frame:odom
base_link_frame:base_footprint
world_frame:odom
```

frequency：滤波器生成状态估计的频率，单位为 Hz，注意只有滤波器接收到至少一个输入数据时滤波器才开始计算。

two_d_mode：如果机器人在平面内运行，忽略运行时的细微变化，可以设置为"true"，此时不会融合所有的三维变量。这样保证了这些参数的协方差不被影响，从而确保机器人的状态估计保持在 xy 平面内。

odomN，twistN，imuN，poseN[**]：对于每一个传感器，使用者需要根据 msg 类型定义参数，例如，定义一种 imu 数据、两种 odom 数据、配置如下：

```
imu0:/imu/data
odom0:/raw_odom
odom1:/visual_odom
```

　　每个参数名的索引是从 0 开始的，如 odom0，odom1，同时必须连续定义，不要在没有 pose1 的情况下使用 pose0 和 pose2。每个参数的值是传感器的主题名。

　　odomN_config, twistN_config, imuN_config, poseN_config**：每个传感器选择相应的参数值用于最终的数据融合，odom 的示例如下：

```
odom0_config:[false,false,false,
              false,false,false,
              true,true,false,
              false,false,true,
              false,false,false]
```

　　其中，布尔值是 x，y，z，roll，pitch，yaw，x velocity，y velocity，z velocity，roll velocity，pitch velocity，yaw velocity，x acceleration，y acceleration，z acceleration。true 代表融合，这里融合 x velocity，y velocity，yaw velocity，需要注意，这个分类在传感器坐标系中完成，不是在世界坐标系中完成。相关分类参考：http://wiki.ros.org/robot_localization/Tutorials/Sensor+Configuration。

　　odomN_queue_size, twistN_queue_size, imuN_queue_size, poseN_queue_size**：使用这些参数调整每个传感器的 callback 队列长度，这在频率参数比传感频率低很多时非常有用，它允许滤波器吸收周期类的所有传感数据。

　　odomN_differential, imuN_differential, poseN_differential**：当有多个传感器采集同样的绝对位置坐标时，设置为 true 防止多个估计变化的跳动。每一个传感数据定义在包含 pose 信息之上，用户可以选择 pose 数据是否有差异地吸收。如果一个值是 true，则对于 t 时刻的测量先减去 t-1 时刻的测试数据，并将结果转换为速度，这个设置在机器人有两个绝对姿态信息时非常有用，例如，yaw 是由 odometry 和 IMU 测试的来，若输入数据的差异不能正确处理，则会导致两个测量结果不同步，同时滤波器会产生振荡，整合两个数据便可以避免这种振荡，例如：

```
odom0_differential:true
```

　　在使用初始数据时应非常谨慎，因为转换到速度意味着方向角状态变化的协方差将会无边界地增长（除非另一个数据已经融合）。如果只是希望所有姿态从 0 开始，可以使用相对参数（_relative），如果通过"navsat_transform_node"或"utm_transform_node"融合 GPS 数据，需要确保_differential 参数是"false"。

　　map_frame, odom_frame, base_link_frame, world_frame：定义机器人的操作模式，对应 map、odom、base_link 三个基本坐标系。其中，base_link 坐标系是机器人本体连接的参照坐标系；机器人传感坐标系 odom 将随着时间漂移，然而在短时间内是准确且连续的；map 坐标系是整个地图的参考坐标系，它包含了机器人全局的准确位置估计，如 GPS 数据，它是离散不连续的。下面介绍如何使用这些坐标系。

　　设置 map_frame, odom_frame 和 base_link_frame 对应机器人本体坐标系名称的各自参数。当系统中没有地图坐标系，则移出它，同时确保世界坐标系由 odom 坐标系设置。

当只融合连续的位置数据（编码器、视觉传感器、IMU）时，将世界坐标系与传感坐标系设为一个，这是状态估计节点中普遍的用法。

当融合有不连续的全局的绝对坐标数据（GPS、地标观测坐标）时，将世界坐标系设置为地图坐标系。默认的地图、传感、本体坐标系为 map、odom、base_link，世界坐标系默认为 odom。

如前所述，i. MX8 适合扩展卡尔曼滤波，因为它的计算能力不太强。在"bringup. launch"中加入如下代码启动节点：

```
    <node pkg="robot_localization" type="ekf_localization_node"
name="ekf_localization">
        <remap from="odometry/filtered" to="odom" />
        <rosparam command="load" file=" $ (find
rikirobot)/param/ekf/robot_localization. yaml" />
    </node>
```

（4）gmapping　gmapping 算法是目前基于激光雷达和里程计方案中比较可靠和成熟的一个算法，它基于粒子滤波，采用 RBPF 的方法，效果稳定，许多基于 ROS 的机器人运行的都是 gmapping_slam。这个软件包位于 ros-perception 组织中的 slam_gmapping 仓库中，其中的 slam_gmapping 是一个 metapackage，它依赖了 gmapping，而算法具体实现都在 gmapping 软件包中，该软件包中的 slam_gmapping 程序就是在 ROS 中运行的 SLAM 节点。如果感兴趣，可以阅读一下 gmapping 的源代码。

栅格地图的原理：表征地图信息的是 0~255 的值，如果是 255，表明是未知区域，还不确定是否存在障碍物，如激光不可达的地方。如果是 0，表示该区域内无障碍物，机器人可以自由通过。如果是 254，表示存在致命障碍物，障碍物与机器人的中心重合，此时必然发生碰撞。如果是 253，表示存在内切障碍物，障碍物处于机器人轮廓的内侧，此时机器人也会发生碰撞。252~128 表示存在外切障碍物，此时机器人与障碍物临界接触，不一定发生碰撞。如果是 0~128，则表示机器人在障碍物附近，如果机器人进入该区域，将有很大概率发生碰撞，因此 0~128 属于警戒区，实际的机器人应该避免进入该区域。

捡乒乓球机器人平台默认已经安装了"gmapping"包，如果在其他平台，有可能没有安装，可以使用如下命令进行安装：

```
sudo apt-get install ros-melodic-gmapping
```

"gmapping"节点的运行方法和其他 ROS 节点一样，使用"rosrun"命令：

```
rosrun gmapping slam_gmapping
```

由于 gmapping 算法中需要设置的参数很多，这种启动单个节点的效率很低。所以往往把"gmapping"节点的启动写到 launch 文件中，同时把需要的一些参数也提前设置好，写进 launch 文件或 yaml 文件。具体可参考教学软包中的"slam_sim_demo"目录中的

"gmapping_demo. launch" 和 "robot_gmapping. launch. xml" 文件。

gmapping 算法的作用是根据激光雷达和里程计（Odometry）的信息对环境地图进行构建，并且对自身状态进行估计。因此它的输入应包括激光雷达和里程计的数据，而输出应包括自身位置和地图。下面从计算图（消息的流向）的角度来介绍 gmapping 算法实际运行中的结构，如图 6-24 所示。

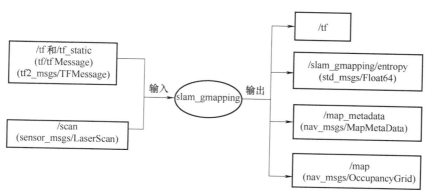

图 6-24 slam_gmapping 运行结构图

/tf 和/tf_static：坐标变换，类型为第一代的 tf/tfMessage 或第二代的 tf2_msgs/TFMessage，其中一定得提供的有两个 tf，一个是 base_frame 与 laser_frame 之间的 tf，即机器人底盘和激光雷达之间的变换；另一个是 base_frame 与 odom_frame 之间的 tf，即底盘和里程计原点之间的坐标变换。odom_frame 可以理解为里程计原点所在的坐标系。

/scan：激光雷达数据，类型为 sensor_msgs/LaserScan。

/tf：主要是输出 map_frame 和 odom_frame 之间的变换。

/slam_gmapping/entropy：std_msgs/Float64 类型，反映了机器人位姿估计的分散程度。

/map：slam_gmapping 建立的地图。

/map_metadata：地图的相关信息。

输出的/tf 里有一个很重要的信息，就是 map_frame 和 odom_frame 之间的变换，这其实就是对机器人的定位，这样 map_frame 坐标系与 base_frame 坐标系，甚至与 laser_frame 坐标系都连通了。这样便实现了机器人在地图上的定位。

捡乒乓球机器人中 "gmapping" 节点位置为 "~/catkin_ws/src/rikirobot_project/rikirobot/param/navigation/ slam_gmapping.xml"，内容如下：

```
<launch>
  <node pkg="gmapping" type="slam_gmapping" name="slam_gmapping"
output="screen">
    <param name="base_frame" value="/base_link" />
    <param name="odom_frame" value="/odom" />
    <param name="map_update_interval" value="20.0"/>
    <param name="maxUrange" value="5.0"/>
```

```xml
        <param name="minRange" value="-0.5"/>
        <param name="sigma" value="0.05"/>
        <param name="kernelSize" value="1"/>
        <param name="lstep" value="0.05"/>
        <param name="astep" value="0.05"/>
        <param name="iterations" value="5"/>
        <param name="lsigma" value="0.075"/>
        <param name="ogain" value="3.0"/>
        <param name="lskip" value="0"/>
    <param name="minimumScore" value="100"/>
    <param name="srr" value="0.01"/>
        <param name="srt" value="0.02"/>
        <param name="str" value="0.01"/>
        <param name="stt" value="0.02"/>
        <param name="linearUpdate" value="0.7"/>
        <param name="angularUpdate" value="0.7"/>
        <param name="temporalUpdate" value="-0.5"/>
        <param name="resampleThreshold" value="0.5"/>
        <param name="particles" value="50"/>
        <param name="xmin" value="-10.0"/>
        <param name="ymin" value="-10.0"/>
        <param name="xmax" value="10.0"/>
        <param name="ymax" value="10.0"/>
        <param name="delta" value="0.05"/>
        <param name="llsamplerange" value="0.05"/>
        <param name="llsamplestep" value="0.05"/>
        <param name="lasamplerange" value="0.005"/>
        <param name="lasamplestep" value="0.005"/>
        <param name="transform_publish_period" value="0.1"/>
    </node>
</launch>
```

这里包含了大量的参数，使用"param"标签引入，base_frame 为机器人基坐标系，odom_frame 为里程计坐标系，map_update_interval 为地图更新频率，根据处理器的处理能力，可以适当减小；maxUrange 为探测最大可用范围，也就是光束能到达的范围。其他参数这里不做过多的介绍，参见 http://wiki.ros.org/gmapping/。

（5）"move_base"功能包 ROS 提供的"move_base"功能包能够在已建立好的地图中指定目标位置和方向后，根据机器人的传感器信息控制机器人到达想要的目标位置。它的主要功能包括：结合机器人码盘推算出的 odometry 信息，做出路径规划，输出前进速度和转向速度。这两个速度是根据在配置文件里设定的最大速度和最小速度而自动得出的加减速决策。"move_base" 功能包框架和节点含义见本章实验三。

在捡乒乓球机器人中，"move_base" 节点启动文件如下：

```
<launch>
    <node pkg="move_base" type="move_base" respawn="false" name="move_base" output="screen">
        <rosparam file="$(find rikirobot)/param/navigation/$(env RIKIBASE)/costmap_common_params.yaml" command="load" ns="global_costmap" />
        <rosparam file="$(find rikirobot)/param/navigation/$(env RIKIBASE)/costmap_common_params.yaml" command="load" ns="local_costmap" />
        <rosparam file="$(find rikirobot)/param/navigation/local_costmap_params.yaml" command="load" />
        <rosparam file="$(find rikirobot)/param/navigation/global_costmap_params.yaml" command="load" />
        <rosparam file="$(find rikirobot)/param/navigation/$(env RIKIBASE)/base_local_planner_params.yaml" command="load" />
        <rosparam file="$(find rikirobot)/param/navigation/move_base_params.yaml" command="load" />
    </node>
</launch>
```

"move_base" 节点加了较多的参数，参数都放在了参数文件中。捡乒乓球机器人的 "rikirobot" 文件中包含了多个车型的特征文件，当前具体是什么车型，在前面的 ".bashrc" 中进行定义，所以这里有了 "$(env RIKIBASE)" 的写法。".bashrc" 中这样设置环境变量：

```
export RIKILIDAR=rplidar
export RIKIBASE=omni
```

"move_base.xml" 文件中通过 "$(env RIKIBASE)" 取到的就是 "omni" 所以，参数文件的具体位置就是："~/catkin_ws/src/rikirobot_project/rikirobot/param/navigation/omni"。该目录下有两个 yaml 文件：

```
uptech@imx8mm:~/catkin_ws/src/rikirobot_project/rikirobot/param/navigation/omni$ ls
base_local_planner_params.yaml costmap_common_params.yaml
```

这两个文件如文件名，第一个是本地规划的基本参数，第二个是代价地图的通用参数。首先说明"costmap_common_params. yaml"文件的内容：

```
obstacle_range:2.5
raytrace_range:3.0
robot_radius:0.13
inflation_radius:0.25
transform_tolerance:0.1

observation_sources:scan
scan:
    data_type:LaserScan
    topic:scan
    marking:true
    clearing:true


map_type:costmap
```

这些参数用于"local_costmap"和"global_costmap"地图中。参数"obstacle_range"和"raytrace_range"表示传感器的最大探测距离，并且在代价地图中引入探测障碍物信息。参数"obstacle_range"用于障碍物探测，例如，机器人检测到一个距离小于2.5m的障碍物，就会将这个障碍物引入到代价地图中。参数"raytrace_range"用于机器人运动过程中，实时清除代价地图中的障碍物，例如，该机器人将清除前面距离3m内（传感器获取的数据）的障碍物，并更新可移动的自由空间数据。其实用激光传感器是无法感知物体的形状和大小的，但是，这个测量结果足够定位的需求了。参数"robot_radius"将机器人的几何参数告诉导航功能包集。这样，机器人和障碍物之间保持一个合理的距离，例如，前方有个门，要提前探知机器人是否能穿过这个门。参数"inflation_radius"描述给定机器人与障碍物之间必须要保持的最小距离。按照机器人的内切半径对障碍物进行膨胀处理。参数"observation_sources"用于设定导航包所使用的传感器。

再说明"base_local_planner_params. yaml"文件的内容：

```
DWAPlannerROS:
    max_trans_vel:0.50
    min_trans_vel:0.01
    max_vel_x:0.50
    min_vel_x:-0.025
    max_vel_y:0.0
    min_vel_y:0.0
    max_rot_vel:0.30
```

```
      min_rot_vel:-0. 30
      acc_lim_x:1. 25
      acc_lim_y:0. 0
      acc_lim_theta:5
      acc_lim_trans:1. 25

      prune_plan:false


  xy_goal_tolerance:0. 25
      yaw_goal_tolerance:0. 1
      trans_stopped_vel:0. 1
      rot_stopped_vel:0. 1
      sim_time:3. 0
      sim_granularity:0. 1
      angular_sim_granularity:0. 1
      path_distance_bias:34. 0
      goal_distance_bias:24. 0
      occdist_scale:0. 05
  twirling_scale:0. 0
      stop_time_buffer:0. 5
      oscillation_reset_dist:0. 05
      oscillation_reset_angle:0. 2
      forward_point_distance:0. 3
      scaling_speed:0. 25
      max_scaling_factor:0. 2
      vx_samples:20
      vy_samples:0
      vth_samples:40

      use_dwa:true
      restore_defaults:false
```

　　这里参数比较多，参数"max_trans_vel"是机器人最大的平移速度的绝对值，参数"min_trans_vel"是机器人最小的平移速度的绝对值，它们的单位都是 m/s。其他的参数类似，与名称的意义保持一致，例如，参数"max_vel_x"是 x 方向最大的线速度，最小是 0m/s，参数"max_vel_y"是 y 方向的最大线速度。接下来再说明"global_costmap_params. yaml"文件的内容：

```
global_costmap:
    global_frame:map
    robot_base_frame:base_link
    #robot_base_frame:base_footprint
    update_frequency:1.0 #before:5.0
    publish_frequency:0.5 #before 0.5
    static_map:true
    transform_tolerance:0.5
    cost_scaling_factor:10.0
    inflation_radius:0.55
    plugins:
        - {name:static_layer,    type:"costmap_2d::StaticLayer"}
```

global_costmap 和 robot_base_frame：定义机器人和地图之间的坐标变换，建立全局代价地图必须使用这个变换。

update_frequency：地图更新的频率。

static_map：是否使用一个地图或地图服务器来初始化全局代价地图，如果不使用静态地图，这个参数为"false"。

接下来再说明"navigation"目录下的"local_costmap_params.yaml"文件的内容：

```
local_costmap:
    global_frame:odom
    robot_base_frame:base_footprint
    update_frequency:1.0 #before 5.0
    publish_frequency:2.0 #before 2.0
    static_map:false
    rolling_window:true
    width:2.5
    height:2.5
    resolution:0.05 #increase to for higher res 0.025
    transform_tolerance:0.5
    cost_scaling_factor:5
    inflation_radius:0.55
```

将参数"rolling_window"设置为"true"，意味着当机器人移动时，保持机器人在本地代价地图中心。"宽度""高度""分辨率"参数设置本地代价地图（滑动地图）的宽度（m），高度（m）和分辨率（m/单元格）。这个网格的分辨率与静态地图的分辨率不同，但大多数时候倾向设置为相同值。

接下来编写launch文件，实现激光雷达、建图、导航包的启动，"lidar_slam.launch"文件的内容：

```
<launch>
    <include file="$ (find rikirobot)/launch/lidar/$ (env RIKILI-
DAR). launch" />
    <include file="$ (find rikirobot)/param/navigation/slam_gmap-
ping. xml" />
    < include file = " $  (find rikirobot)/param/navigation/move_
base. xml" />
</launch>
```

在这里启动激光雷达，启动"slam_gmapping"节点实现基于激光雷达、里程计信息的地图构建，最后启动"move_base"节点，实现本地、全局路径规划，实现地图导航功能。

（6）运行　本次实验需要启动的节点比较多，程序节点比较复杂。下面首先说明"bringup. launch"文件是如何编写的：

```
<launch>
    <node name="arduino_serial_node" pkg="rosserial_python" type
="serial_node. py" output="screen">
    <param name="port" value="/dev/ttymxc1" />
    <param name="baud" value="115200" />
    </node>


    <node pkg="imu_calib" type="apply_calib" name="apply_calib"
output="screen" respawn="false">
        <param name="calib_file" value="$ (find rikirobot)/param/
imu/imu_calib. yaml" />
        <param name="calibrate_gyros" value="true" />
    </node>


    <node pkg="tf" type="static_transform_publisher" name="base_
footprint_to_imu_link" args="0 0 0 0 0 0  /base_footprint /imu_link
100"/>


    <node pkg="rikirobot" name="riki_base_node" type="riki_base_
node">
        <param name="angular_scale" type="double" value="1.0" />
        <param name="linear_scale" type="double" value="1.1" />
    </node>
```

```
    <node pkg="tf" type="static_transform_publisher" name="base_
footprint_to_base_link" args="0 0 0.098 0 0 0  /base_footprint /base_
link  100"/>

    <node pkg="robot_localization" type="ekf_localization_node"
name="ekf_localization">
        <remap from="odometry/filtered" to="odom" />
        <rosparam command="load" file="$ (find
rikirobot)/param/ekf/robot_localization.yaml" />
    </node>
</launch>
```

在"bringup. launch"文件中首先启动"serial_node"节点，用于与 ROS 底盘通信，设置波特率为115200。然后启动"imu_calib"的"apply_calib"节点、"riki_base_node"节点、"ekf_localization_node"节点。极坐标系、激光雷达的坐标系等之间的转换也需要在"bringup. launch"中定义好，"base_footprint"到"imu_link"的映射：

```
    <node pkg="tf" type="static_transform_publisher" name="base_
footprint_to_imu_link" args="0.1 0.01 0.06 0 0 0  /base_footprint /imu_
link  100"/>
```

"base_footprint"到"base_link"的映射：

```
    <node pkg="tf" type="static_transform_publisher" name="base_
footprint_to_base_link" args="0 0 0.098 0 0 0  /base_footprint /base_
link  100"/>
```

base_footprint 坐标系是指机器人在地面上的投影坐标系，base_link 坐标系是机器人中心坐标系。imu_link 是 IMU 传感器对应的坐标系，它对应的 x、y、z 及旋转角度与具体的安装位置有关，需要进行调试修改。下面运行"bringup. launch"：

```
uptech @ imx8mm: ~/catkin _ ws/src/rikirobot _ project/rikirobot/
launch $ roslaunch bringup. launch
```

PC 端运行：

```
uptech@uptech-jhj:~ $ roslaunch rikirobot slam_rviz. launch
```

图 6-25 所示为启动"bringup. launch"文件后的坐标关系图，默认 odom 坐标系和 base_footprint 坐标系是重合的，base_link 坐标系是在 base_footprint 坐标系的基础上向上平移，其他节点就不再说明。如果看见这里的坐标系关系和实际的模块位置不对应，就需要调整 x、 y、z、yaw、pitch、roll 参数，最终将参数调控好即可。

图 6-25　TF 关系图

接下来启动"lidar_slam. launch"，启动建图、定位、导航功能：

```
uptech @ imx8mm: ~/catkin _ ws/src/rikirobot _ project/rikirobot/
launch $ roslaunch lidar_slam. launch
```

在"bringup. launch"程序中已经启动了扩展卡尔曼滤波节点，包括 gmapping、move_base、激光雷达节点，此时就可以实现地图构建、定位导航，基于激光雷达建图效果如图 6-26所示。

图 6-26　基于激光雷达建图

单击如图 6-27 所示的"2D Nav Goal"按钮，然后在图 6-26 所示的地图中单击白色区域的某个位置，然后稍微拖动一下鼠标，这时捡乒乓球机器人就会运行到刚才单击的位置，方向沿着鼠标拖动的方向。通过这种方式，将整个房间走几遍，整个房间的地图就建立完毕。之后可以保存地图，也可以在该地图上进行完整的定位导航。

图 6-27　操作按钮

图 6-28 所示为节点、主题关系图。可以看出，定位导航虽然是 ROS 的基础功能，但涉及的节点、主题都比较多，还有一系列的 TF 转换。随着机器人复杂程度的提高，节点、主题还会继续增加，因此 ROS 相关开发还需要继续探索。

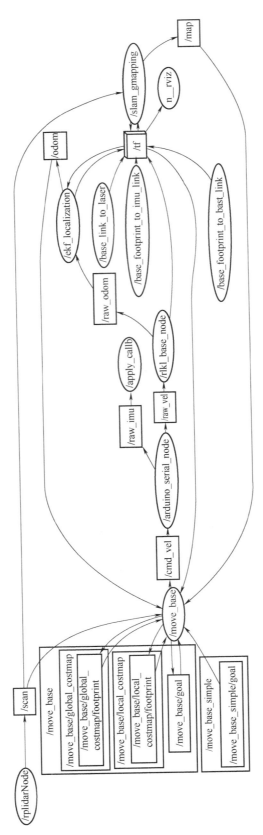

图 6-28 节点、主题关系图

6. 实验总结

通过本次实验，了解了激光雷达、编码器采集的电动机信息与里程计信息的互相转化、卡尔曼滤波定位算法、"gmapping"功能包建立栅格地图、"move_base"功能包的路径规划。了解到在 ROS 下建图、定位、导航实际上就是需要电动机、雷达信息，根据雷达探测的数据解析周围环境，然后控制电动机的运转从而实现定位导航功能。ROS 中建图、定位等都有多种方法，本次实验之后可以尝试使用其他方法进行。ROS 提供了大量的软件工具包，如机器人仿真等，后续还应继续学习。

［1］ 王曙光，袁立行，赵勇. 移动机器人原理与设计［M］. 北京：人民邮电出版社，2013.

［2］ 芮延年. 机器人技术：设计、应用与实践［M］. 北京：科学出版社，2019.

［3］ 陈白帆，宋德臻. 移动机器人［M］. 北京：清华大学出版社，2021.

［4］ 李卫国. 工程创新与机器人技术［M］. 北京：北京理工大学出版社，2013.

［5］ 王旭. 竞技机器人设计与制作［M］. 北京：清华大学出版社，2021.

［6］ 赵建伟. 机器人系统设计及其应用技术［M］. 北京：清华大学出版社，2018.

［7］ 毛丽民，朱培逸. 机器人创新与实践［M］. 北京：北京理工大学出版社，2022.

［8］ 杨维. 机器人技术及应用项目式教程［M］. 北京：机械工业出版社，2021.

［9］ 王帅，张华良，韩冰. 机器人技术实验指导［M］. 北京：电子工业出版社，2020.

［10］ 葛亚明，高斌，陈勇飞. 轮式机器人设计与控制实践［M］. 哈尔滨：哈尔滨工业大学出版社，2022.

［11］ 王伟，王国顺. 竞赛机器人设计与制作［M］. 武汉：武汉大学出版社，2022.

［12］ 赵小川. 机器人技术创意设计［M］. 北京：北京航空航天大学出版社，2013.

［13］ 熊蓉，王越，张宇，等. 自主移动机器人［M］. 北京：机械工业出版社，2022.

［14］ 曹其新，张蕾. 轮式自主移动机器人［M］. 上海：上海交通大学出版社，2012.